眠っているとき、脳では凄いことが起きている

眠りと夢と記憶の秘密

ペネロペ・ルイス
西田美緒子 訳

インターシフト

眠っているとき、脳では凄いことが起きている【目次】

第1章 なぜ眠るのか 6
眠らないとどうなる?／眠っているときの脳の活動／記憶に与える影響

第2章 睡眠は脳にとってどれほど大切か 21
脳の懲罰系と報酬系のアンバランス／悪いことが記憶に残りやすいわけ

第3章 脳と記憶の仕組み 30
ニューロンのどこが特別なのか／記憶の生理学的基盤／ともに発火するニューロンはともにつながる

第4章 目覚めと眠りのコントロール 42
覚醒系と睡眠促進系／劇的に変わる神経伝達物質の濃度／脳内物質を操る方法

第5章 眠りは心の大掃除 57
ラジオのチューニングのように／目覚めていても、脳の一部は居眠りしている

第6章 記憶はどう再生され、固まっていくか 65
人間の脳を理解するために／脳活動を測る／記憶の再生と逆再生／徐波睡眠の大きな役割

第7章 なぜ夢を見るのか 88
アラン・ホブソンらの説への批判／夢を見る能力／夢は何のためにある？／夢の遅延効果／睡眠の段階によって夢の種類が異なるわけ／なぜ起きると夢を忘れてしまうのか／夢は記憶を向上させる？

第8章 ひと晩寝ると問題が解けるわけ 109
眠りが情報を統合し、要約している証拠／情報のオーバーラップ・モデル

第9章 いつまでも忘れられない記憶 123
危険に快感を覚える人たちの脳／扁桃体と海馬の同時発火／凶器注目効果／重要だと思うことは眠った後に記憶を強める／レム睡眠と鬱の原因

第10章 睡眠は心の傷を癒す？ 139
オーバーナイト・セラピーとレム睡眠／記憶の再固定化――嫌な記憶を削除する／理論に対する批判

第11章 眠りのパターン、ＩＱ、睡眠障害 159

時計遺伝子と眠りのパターン／年齢による変化／ＩＱの高さを示す睡眠紡錘波／ぐっすり眠れても疲れているわけ／深刻な睡眠障害

第12章 記憶力を高め、学習を促進する方法 171

異なるタイプの睡眠を上手にとる／寝る直前に学習する（逆効果に注意）／眠った真似をする（人工睡眠）／香りや音で、睡眠中に記憶を再生させる／眠りながら、新しいことを学習できるか

第13章 快適睡眠を実現するガイド 185

ベッドと寝室の感じ／室温と体温／光と体内時計／音とノイズ／香りは眠りを誘う？／よく眠るための食べ物／睡眠の質／脳が働いて寝付けないとき／いびきと睡眠時無呼吸

謝辞 197　注 (1)　解説 204

第1章 なぜ眠るのか

アメーバは眠るのだろうか？　たしかに丸くなってあまり動かなくなるときはあるが、この問いに対するほんとうの答えは、睡眠をどう定義するかによって異なってくる——眠りの定義はひとつではない。

ミニマリズムの基準に従うなら、睡眠とは「つつかれたり邪魔されたりしたときの反応はふだんより鈍いが、危険が迫れば覚醒できる、生き物が活動していない時間」と考えることができる。このような活動していない時間には目的があるらしい。なぜなら、睡眠を妨げられた動物は、必ずあとでその分を取り戻そうとするからだ（これを反跳睡眠——リバウンドスリープ——と呼ぶ）。このゆるやかな定義では、アメーバは実際に眠る。動きをとめて丸まり、つついても反応しなくなる。一回に何時間も、通常は夜間に、このような状態になる——アメーバをわざと動かし続け、しばらくこのゆったりした状態になれないようにすると、あとでリバウンドを見せる。昆虫も、魚も、両生類も眠る。それどころか、動物界のすべての仲間が折にふれてうたた寝をしているようだ。カリバチをはじめとした触角をもつ動物なら、なおさらよくわかるだろう——うたた寝しているあいだは触覚がだらりと垂れ、気を抜いて周囲に無頓着なことが見てとれる。

では、動物はただざし迫ってやることがないときに眠るのだろうか？　そうではない。睡眠には、たいていの場合、危険が伴う。ほとんどの動物は食うか食われるかの環境で暮らしていて、周囲にひそむ脅威に対して警戒をゆるめたとき、とくに攻撃を受けやすい。動物がのんびりして、捕食者がこっそり近づいてきたのに気づかないでいれば、相手のおなかに収まって一巻の終わりだ。これはネズミやインコやオタマジャクシのような小さくて柔らかい生き物だけの話ではない。たとえば、ひと眠りするために横になっているキリンは立ち上がるのにおよそ一五秒かかるから、腹を空かせたライオンがたまたま近くにいれば運の尽きになる（おそらくこのためだろうが、キリンはたいてい立ったまま、または木に寄りかかって眠る。それでも毎晩少しのあいだだけ横になって、質のよい眠りをとる必要がある）[1]。うたた寝には危険が伴うとはいえ、睡眠はどうしても必要なので、キリンと同じようにほかの動物たちもあえて危険を冒さなければならない。なかには、たとえば広く開放された水域に棲む魚のブダイのように、眠っているあいだの危険をある程度に抑えるため賢い戦略を進化させた種もある。ブダイはネバネバしていやなにおいのする膜を、自分のまわりにめぐらせて眠る。ふつうならパクリと食べにくるはずの捕食者も、その膜のせいで思いとどまるはずだ。ハンドウイルカ、さまざまな鳥類、そしてカモは、「半球」

睡眠という技を生み出した。半球睡眠では、眠っていることを示す脳活動のパターンがいつも脳の片側（半球）でしか起きない。残りの半球は目を覚ましたまま、片目をコントロールして危険がないか見張るとともに、泳いだり前びれを使って浮かんだりといった基本的動作を調整している。[2] 半球睡眠からは、意識というものについて一考に値する疑問が浮かぶ——脳の半分しか活動していないときの動物は、実際には目が覚めている、あるいは自覚があると言えるのだろうか？

眠らないとどうなる？

睡眠の意義は何だろう？　たしかに、これほど危険で時間をとるにもかかわらず動物界全体に広まっているのだから、何か大切な働きを果たしていることはまちがいない。睡眠研究の歴史で重要な役割を果たしたアラン・レクトシャッフェンは、かつて次のように語った。「もしも睡眠が生命の維持にとって絶対的に必要な働きをしていないとしたら、進化の過程がこれまでに犯した最大の過ちということになる」[3]。この言葉からわかるように、科学者たちは睡眠が重要にちがいないという点には同意し、それなりに意見の一致をみているのだが、なぜ重要かという点となると、それぞれの意見が大きく異なっている。一般にはよく、居眠りはエネルギーを節約する方法だと言われる。なにしろ動物は眠っているあいだ、（半球睡眠をするイルカなどを別にして）あまり動きまわらないのがふつうだから、活動していないこの状態はたしかにエネルギーの節約になる。魅力的な説ではある。たとえば、多くの動物たちがエネルギーを節約するために冬眠をし、冬眠は表面的には睡眠と同じ特徴をたくさんもっている――ただし冬眠はふつう何か月も続き、体温が睡眠時よりずっと低くなる（ときには摂氏二度か三度と、凍りつく寸前になることさえある）。ところが実際には多くの動物が、きちんと眠るために、冬眠中も定期的に体を温める。つまり、一定の睡眠をとるためにエネルギーを注ぎこんでいる――そのようにしてとる眠りは、単にエネルギーを節約するためだけのものではないことになる。

睡眠が大切な理由を理解するにはもうひとつ、十分な睡眠をとらないとどうなるかを調べる方法がある。睡眠不足については、ラットを使うおおざっぱな計画の実験から人間を対象として綿密に管理された実験まで、徹底した研究が進められてきた。ラットでは死ぬまで寝かせないという数多くの残酷な実験が行なわれたが、人間の場合にはもっと短時間の睡眠剥奪のあと、脳、ホルモンプロファイル、さらに集中力、記憶力、決断力をすべて詳しく分析している。

よく知られたある実験では、大きな水たまりの中央に植木鉢を伏せて置き、その上にラットをのせた。植木鉢の底にあたる部分は水面に出ているが、とても小さいので、ラットがリラックスして筋肉をだらりと緩めれば必ず落ちてしまう（そして濡れてしまう！）（次ページの図1）。睡眠には、体の筋肉がすっかり緩むことを特徴とする段階（レム睡眠――急速眼球運動を伴う眠り）があるので、実際には、ラットがこの段階の眠りに達すると必ずびしょ濡れになって目を覚ますことになる。このような扱いを受けたラットは、まもなく体温を調節できなくなり、体重が減っ

図1　伏せた植木鉢に乗るラット。

て、皮膚病を発症した。そして二、三週間以内にすべてが死んだ。この研究は、睡眠が体温調節と健康全般にとって重要である（深い眠りが不足すると、やがては死に至る）ことを示しているものの、ラットに度を越えたストレスを加えたことで痛烈な批判を浴びてきた。[4] ご想像の通り、批判の一部はただこの手順の残酷さを指摘するものだったが（現代の倫理委員会からでは、承認を受けるのが難しかっただろう）、批判のなかには科学的なものもある。この実験についてじっくり考えてみれば、不運な動物たちを早死にさせた原因がほんとうに睡眠剥奪だったのか、健康上の問題を引き起こしたのは状況による強いストレスだった可能性はないのか、判断するのは難しいことにすぐ気づくだろう。ラットを使ったその後のいくつもの実験がこの疑問に答えようとしてきたが、疑い深い人たちを完全に納得させる答えはまだ見つかっていない。[5]

人間の睡眠不足の研究は、ふつう、これよりはるかにストレスの少ない状況下で行なわれる。被験者は長期にわたって（ときには一一日以上も！）睡眠を剥奪されるが、それ以外の点ではとてもていねいに扱われ、ほんとうにやめたくなればいつでも自分から実験をやめられることを知っているので、不安を引き起こす要因はほとんどない。それでもこの種の実験からは、睡眠不足がストレスホルモンのコルチゾールを増やし、体温を少し下げ、免疫機能を低下させることがわかってきた。つまり身体的なレベルで見ると、睡眠には体温と免疫反応を維持する役割があることになる。ただ、このような効能は無視できないとはいえ、評判の悪い植木鉢の実験で犠牲になったラットの強烈な反応を説明するにはほど遠い。

一方、身体的な影響よりはるかに目立つのは睡眠不足による精神的な影響だ。私たち人間は、十分に眠れないと体調が悪くなりがちなのは言うまでもない。おそらく最も極端な例は、ランディー・ガードナーの経験だろう。ガードナーは一七歳だった一九六五年に、学校の理科の実習として一一日のあいだ一睡もせずに過ごした（当時の新記録を作った）。最初の二、三日で集中力が低下し、簡単な早口言葉の繰り返しができなくなった。四日目には物忘れがはじまり、軽い幻覚があった（たとえば、街路灯が人に思えたりした）。一週間後には話すのが遅くなって、ろれつがまわらず、九日目と一〇日目にはさらに著しい認識機能障害が生じた――たとえば一〇〇から逆に数をかぞえたときには六五でピタリと止まってしまい、自分が何をしているのかを覚えていられなかったように見えた。妄想の兆候もあり、話し方はさらに遅く、抑揚がなくなった。ところが、ガードナーの運動を基本とした技能が低下した様子はなかった。この苦しい体験の一〇日目には、睡眠が十分に足りたインタビュアーとピンボールで対戦して勝っている。およそ九〇時間分の睡眠を抜いてしまったガードナーだったが、実験後に一一時間余分に眠っただけで元気を取り戻し、長期にわたる悪影響が残った形跡はなかった（当時はおそらく今の時代ほど徹底した管理のもとで実験を行なったわけではないだろう。読者が自力でこれを試してみることは、もちろんお勧めしない）[6]。

ガードナーの話は睡眠不足のさまざまな影響を実体験として明らかにするのに役立ち、そうした影響は、もっと大規模なグループを用いてこまかく照合確認された科学的実験で立証されてきている。つまり、睡眠不足になると不機嫌、幻覚、妄想、記憶力の低下、集中力の不足、決断力の欠如につながる可能性がある。そして、これらの作用はすべて脳によって制御されているので、このパターンからは睡眠（あるいはその不足）が体より脳の働きに大きく影響することがわかる。たしかに、脳が睡眠を調整しており、まどろんでいるあいだも活動をすっかり停止するどころか、複雑で高度に構造化された活動パターンをたどることを考えれば、これは少しも意外な結果ではない。では、もっと詳しく見てみることにしよう。

眠っているときの脳の活動

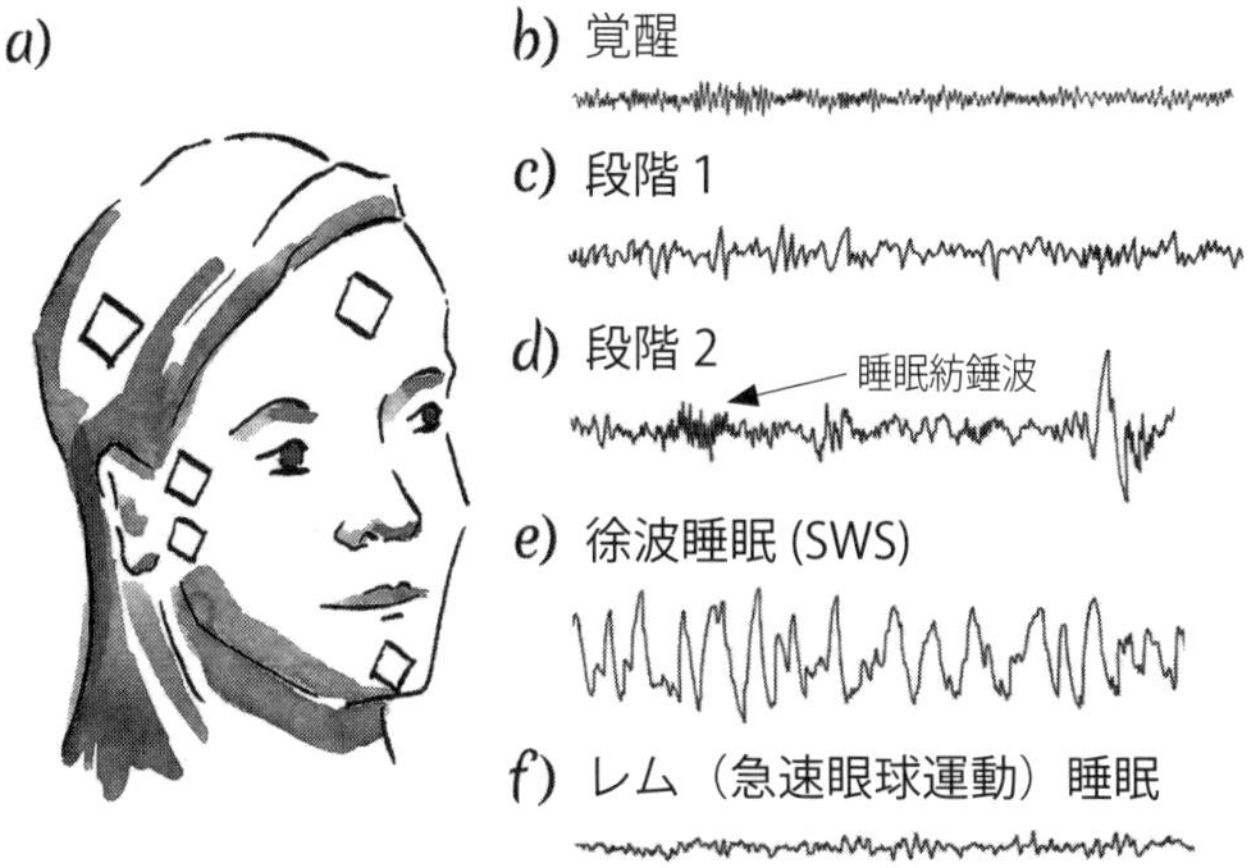

図２　a）電極の配置例。b）覚醒時の脳波図。c）少しずつ深まっていくノンレム睡眠：段階１。d）段階２。e）徐波睡眠。f）レム睡眠。

眠っているあいだも脳は活動していることがわかっている。これまでに科学者たちが長い時間をかけて、その活動を測定してきたからだ。測定の最も一般的な方法では、伝導性の高い金属片（電極）を頭皮に貼りつける。それらの電極は、近くの脳細胞が生み出すわずかな電気信号をとらえることができる（図２のａ）。目が覚めているあいだ、これらの信号は小さいが常に変化する反応を示すので、その場所で何が起きているかが見える窓として利用できる。たとえば、物が見えているときに脳の視覚野で起きる反応や、音が聞こえているときに聴覚野で起きる反応を、電極が示してくれるわけだ。

目が覚めているあいだは脳内でたくさんのことが起き、全体としてのパターンは小さくて素早い反応がたくさん集まったものになる。そこで電極は、急速に振動するこまかい波線を描き出す（図２のｂ）。これは、多数の異なる信号が同時に異なる方向に進むと、すべてが合わさって互いに打ち消しあう傾向があるためだと考えられている。小さい湖で一〇隻もの高速モーターボートが走りまわり、どれも好き勝手な方向に進んでギリギリにすれ違ったりすることもあるときの、湖面の波を想像してほしい——一隻の船が一方向に進むときにできる船首波よりも、はるかにややこしい状態になるだろう。だが眠くなって目を閉じはじめると、脳からの電気信号は遅くなるとともに、わずかに大きくなっていく。すっかり眠りに落ちれば、こうして遅くなったことがさらにはっきりする——何隻かの高速モーターボートが消えたために干渉が減り、残ったボートが大きくなって、前より少し大きい波が生まれているところを想像しよう（図２のｃ）。まもなく、睡眠紡錘波と呼ばれる新しい種類の電気的活動が電極に表れはじめると、眠りが深くなったことがわかる。これらは一気にわき起こる小規模ながらも激しい活動で、たいていは脳の特定の領域から出ている。ここでは、残った高速モーターボートから子どもたちが湖に飛び込みはじめた様子を想像すればいい。子どもたちは飛び込むたびに水のなかで少しのあいだバシャバシャ暴れるが、すぐにすくい上げられる（図２のｄ）。さらに眠りが深まると、モーターボートの数がどんどん減っていき、最後には（互いに干渉していたすべての船首波が静まりはじめるとともに）いくつかの巨大なうねりが生まれているのに気づく。まるで湖の一方の端で、ネッシーが体をゆっくりと規則正しく上下にゆらしながら湖底をかき混ぜているようだ。これまでこの大波に気づかなかったのではない——以前には大波そのものがなかった。このゆっくりした振幅の大きい波が、深い眠りの特徴だ（図2のe）。この波は、（高速モーターボートのせいで混乱していたときのように）まったく別の仕事を山ほどこなしていた状況とは異なり、脳のたくさんの領域がいっしょになって、協調的に、ただしゆっくりしたやり方で活動していることを示している。

これまで説明してきた過程はすべてノンレム睡眠という大きなカテゴリーに含まれ、それぞれを正式な睡眠段階に分類することができる。最初に眠りに落ちる（高速モーターボートがちょっと減って動きが遅くなる）段階を、段階1のノンレム睡眠と呼ぶ。高速モーターボートがさらに何隻か消え、湖のあちこちで子どもが飛び込んではバシャバシャ暴れはじめたように見える脳の活動段階を、段階2のノンレム睡眠と呼ぶ。怪物が起こしているような巨大なうねりがいくつも生まれているのに気づきはじめる段階は徐波睡眠《スローウェーブスリープ》（SWS）だ。振れ幅の大きいうねりのゆっくりした動きから、こう呼ばれる。

大切なのは、脳がこれら各段階のノンレム睡眠にレム睡眠を加えた四段階の眠りを順に進んでいくのは、ひと晩に一回だけではないという点だ。一回のサイクルにおよそ九〇分をかけて何度も繰り返していく。このとき、レム睡眠の長さと徐波睡眠の長さが反比例の関係で変化する。眠りについたばかりは徐波睡眠が長くてレム睡眠が短いが、夜も更けるにつれて徐波睡眠が短く、レム睡眠が長くなっていく。つまり、九〇分の睡眠サイクルの最初の何回かでは、レム睡眠があるとしてもとても短い——同様に、最後の何回かのサイクルでは徐波睡眠がとても短く、レム睡眠が大半を占めるようになる。

これらはすべて、頭皮に電極を貼って測定できる。そして、ノンレムの深い眠りのあいだは脈拍数と体温がわずかに下がるものの、体に関する変化はそのほかにあまりないことがわかっている。ではレム睡眠についてはどうだろうか？　この睡眠段階は徐波睡眠のあとに続くのがふつうで、とても深い眠りだが（最も情緒的で奇妙な夢を見るのもこのときだ）、脳内では驚くようなことが起きている。ゆったりとした大波を起こしていた海の怪物は静まり、代わってまた高速モーターボートが戻ってくるのだ――しかも、眠りに落ちる前とほとんど同じ数にのぼる。もっと簡単に言うなら、レム睡眠のあいだの脳内の電気的な活動は、眠いと思いながらも眠っていないときの活動に似ていて、五、六隻の大型モーターボートが少し速度を落として湖面を動いているときの波のように見える（図2のf）。ただし、これで話が終わるわけではない。この段階がレム（Rapid Eye Movement：急速眼球運動）睡眠と呼ばれる理由は、通常は閉じたまぶたの下で、眠っているのに眼球がキョロキョロ動いていることにある。ほかの骨格筋はすべて麻痺しているから、体のなかで動かせる部分は目しかない（かわいそうなラットがレム睡眠に陥るたびに植木鉢から落ちてしまったのは、このためだ）。

このように複雑な睡眠段階の移り変わりは、記憶、気分、意思決定にどのような影響を与えるのだろうか？　睡眠不足になると、なぜこれらのシステムの一部に障害が起きるのだろうか？　今後の章でこうした疑問のすべてに答えていくつもりだが、さしあたり、睡眠が記憶に与える影響についてよく考えてみることにしよう。

記憶に与える影響

ランディー・ガードナーが何日も眠らないで過ごすと記憶がおぼつかなくなったことがわかっているので、睡眠不足は記憶にマイナスの影響を与えることは明らかだ。それについては、睡眠後に記憶が向上する事例を示す科学的研究の文献がたくさんある。最もよい例はピアノを弾く場合や自転車に乗る場合だ。これらは運動を基本とした技能で、あまり考える必要がなく、やり方を言葉で説明できなくても学習できる。このような技能はひと晩眠ると向上し、飛躍的な変化をとげる場合もある。

わかりやすい指タッピング（ピアノを弾くように指先で軽く叩く動作）の課題を例にとってみよう。被験者は一分間にできるだけ多く、決められた順序でボタンを押さなければならない。小指から人差し指までの指先に番号をつけたと仮定して（次ページの図3）、一本の指に一個のボタンを対応させ、4-1-3-2-4という一連の操作を繰り返す必要がある。被験者が日中にこれを練習すると、どんどん速く押せるようになっていき、やがて速さはあるところで一定になる。このあと、一日じゅう目を覚ましたままで一二時間後に再びテストすると成績はあまり変わらなかったが、その一二時間に夜の睡眠が含まれた場合はほとんどの人が大幅に速くなり、一分間に一

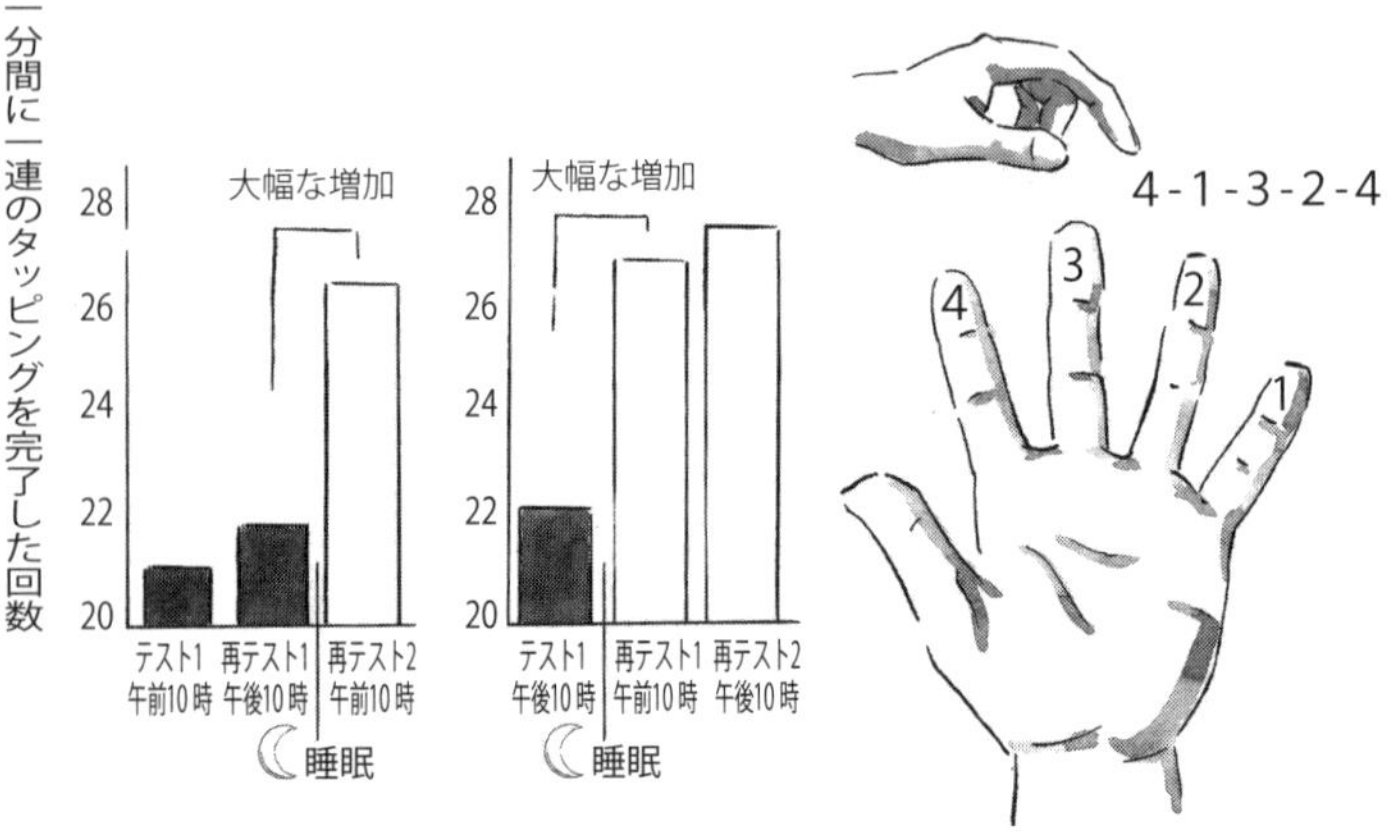

図３　4-1-3-2-4の順を繰り返す指タッピングは、ひと晩眠ったあとで速度が増した。

連のボタンを押す回数が最大で二〇パーセント増えた。[7]

この実験を行なったカリフォルニア大学バークリー校のマット・ウォーカーは慎重な科学者で、一日じゅう起きていたあとで上達しなかったのは、手（指）があらゆる種類の複雑な仕事に使われるためではないかと考えた。こうした活動が、4-1-3-2-4という順序の記憶になんらかの形で干渉したのかもしれない。そこで二回のテストのあいだの日中はミトン（訳注：指を入れる部分の、親指だけが分かれて、他の指は一つにまとめられた手袋）をはめて過ごすよう被験者に頼み、この点を確かめている。だが結果にはまったく影響がなかったので、干渉という仮説の可能性は消えた。代わって、睡眠がこの種の記憶を強化するのに積極的な役割を果たしているように見える。

睡眠によって影響を受ける記憶の種類は、運動を基本とした技能だけではない（そうでなければ、みなさんはこの本を読むのをやめてしまうだろう）。睡眠はあらゆる種類の記憶に影響を与える――ただし、いつも単純に記憶を強化するとはかぎらない。ここで、たとえば「猫 - ボール」、「木 - フェンス」、「ゴミ箱 - 命中」のように組にした単語の表を見て覚え、その場ですぐ口に出して暗唱したあと、一二時間後にもう一度暗唱する場合を考えてみよう。そのあいだにおそらく何組かの単語を忘れているだろう。だがこのとき、あいだの一二時間に夜の睡眠が含まれていると、記憶は薄れるものの、忘れる度合いは減る。つまり、睡眠はこの種の記憶を保護する力をもっているらしく、ともかく同じ時間だけ目を覚ましていた場合ほどすぐには消えなくなる。

睡眠はただ日中の干渉による悪影響を防いでいるだけかもしれないという考えは、指タッピングより、単語の組を覚える場合のほうが少し信憑性を増す。被験者が覚えてから暗唱するまでのあいだ読書も話もせず、映画も見ず、ただベッドでじっと横になって過ごすという研究によって、睡眠を伴わない休息でも同じくらい記憶が保護されることがわかっている。

それでもなお、私をはじめとして睡眠と記憶の研究にたずさわっている者たちは、眠っているあいだはただ干渉がないだけではなく、それ以上のことが起きているのではないかと考えている。何しろ記憶は複雑だ。日々の暮らしでは、ただ組になった単語の一覧を覚えたいことなどめったにない。私たちはほとんどいつも、はるかに多くの要素を結びつけながら記憶を利用している。私たちは一般常識としての概念、つまり知識のフレームワークをもっており、それらを用いながらフレームワークに関係のある個々の事実を見つけ出している。たとえば、誕生日のパーティーというものがどんなものかを知っていて、ふつうはケーキが登場することも知っている。また、赤カブが何かを知っているし、去年誕生日のパーティーを開いた友だちのひとりが、この赤紫の野菜を大好きなことも知っているかもしれない。これらふたつのちょっとした情報を合わせると、その友だちの誕生日に赤カブのケーキが用意されたことを記憶するのに役立つだろう。誕生日と赤カブに関する基本的な知識がなければ、友だちのケーキに関するその事実はとくに意味がなくなり、記憶には残りそうもない。このような潜在的な知識を生み、そこに新たな経験を統合していくうえで、睡眠が一定の役割を果たしているという考えを裏づける一連の証拠が、徐々に集まってきている。

まとめ

導入部となるこの章では、睡眠を定義し、動物界では睡眠がどれだけ広く行きわたっているかを説明した。眠っているあいだの脳の働きを見るとともに、睡眠不足がおよぼす悪影響を少し調べ、記憶を固定するうえでの睡眠の役割を考えた。第2章では引き続いて睡眠が不足しているときの脳を詳しく検討し、睡眠不足になると感覚が鈍り、意思決定がうまくできず、気分が落ち込み、物覚えが悪くなり、倫理基準さえ変わってしまう理由を説明していく。

第2章 睡眠は脳にとってどれほど大切か

最後に徹夜したのはいつのことか、覚えているだろうか。試験勉強？ 幼い子どもや赤ちゃんのせいで眠れなかった？ 何かが心配で眠れなかった？ あるいは不眠症で、いつものこと？ そのとき、どんなふうに感じただろうか。たぶんあまりさわやかな気分ではなかったと思う。それでいて、翌日は何とかうまく過ごすことができただろうか。

一般的に人は徹夜をした翌日も、たいていのことをかなりふつうにこなすことができる（それほど元気に取り組めないのは、やむを得ない）。ほとんどの運動能力は衰えず、IQテストや読解力にも影響はなく、論理的推論と批判的思考のテストの成績も落ちない。だが、そんなことに惑わされてはいけない。睡眠が不足すると、大きな（多くの場合は危険な）弱点も生じる。最も劇的な影響は、車の運転のような日常的な作業に表れる。運転というのは実際、常に気を許すことなく、注意力を研ぎ澄ましたままで長いこと平穏無事な時間を過ごしながら、反応が必要となる状況を待っているという状態の典型的な例だ。直線道路で車を飛ばし、脇道から前に入ってくる車さえなければ、減速する必要もハンドルを切る必要もない自分を想像してみよう。わずかな疲労でも反応を鈍らせ、ブレーキを踏むタイミングが遅れることになる。もっとひどく疲れれば集中力が切れ、前に入ってきた車に気づくのが遅すぎて、ときには悲惨な結果を招くこともある。

睡眠不足の脳は、いろいろな点でアルコールの影響を受けた脳に似た反応を示す。目と手の協調が必要な作業では、覚醒している時間が一時間たつごとに、血中アルコール濃度が〇・〇〇四パーセント増えるのと同じだけの遅れが生じる。つまり五時間ずっと目を覚ましていれば、脳が仕事をする成果の点では、だいたいアルコール飲料を平均的な一杯飲んだのと同じことになる。二〇時間続けて目を覚ましていると、米国の法定基準（血中アルコール〇・〇八パーセント）を越えるほど成果が落ちるわけだ。睡眠不足が脳に与える影響を研究した成果を受けて、高速道路には居眠り運転に注意するようにという標識が急速に増えている。それでもさいわい、睡眠不足によって警戒心と注意力が失われる影響はカフェインによって完全に払拭できるから――コーヒー好きには朗報だ！――疲れたと思ったらダブルエスプレッソを飲み、効き目が出るまで二〇分待ってから運転に戻るといい。

おもしろいことに年長者より若者のほうが、このような状況の影響を受けることが多いらしい。若者は睡眠時間が短いからではなく、年長者のようにうまく睡眠不足をコントロールできないからだ。年齢を重ねて賢くなるほど、これらの種類の過失を防ぐのに役立つ対処法を身につけていくのだろう。これは免許取得可能な年齢の引き下げを主張する意見に対する、強力な反論の根拠となる。ただし、こうした技能を身につけるだけの十分な年齢に達した人たちは必要以上に長くタクシー運転手として働きたがらないという、そのまた反論が、たいていの場合は勝っているように思える。

脳の懲罰系と報酬系のアンバランス

睡眠不足によって混乱するのは、車の運転のように退屈しやすい行動だけではない。過労によって身のまわりへの基本的な知覚もわずかに変化することを示す証拠が、数多く見つかっている。第一に、睡眠不足になるとにおいの種類を嗅ぎ分ける能力が落ち（バラの香りかラベンダーの香りかわからない）、酸っぱい味に気づきにくくなる。聴覚も少し損なわれ（ふたつの音のどちらが先に聞こえたかの判断が難しくなる）、視覚にもちょっとした問題が生じる（右側の視野に入るものに、より強く注意を払うようになるようだ）。

では、睡眠不足のどんな要素がこのような障害を引き起こしているのだろうか？　真相を探るには、十分に休息をとっているときと、とても疲れているときに同じ課題をこなし、両方の状態で脳の活動を比較するという方法がある。これを試みた研究によれば、睡眠不足の脳では、注意力を維持するのに使われている脳の領域のネットワーク（前頭前皮質、視床、大脳基底核、小脳──次ページの図４を参照）の反応が大幅に鈍っている。大切なのは、これらの領域での活動の

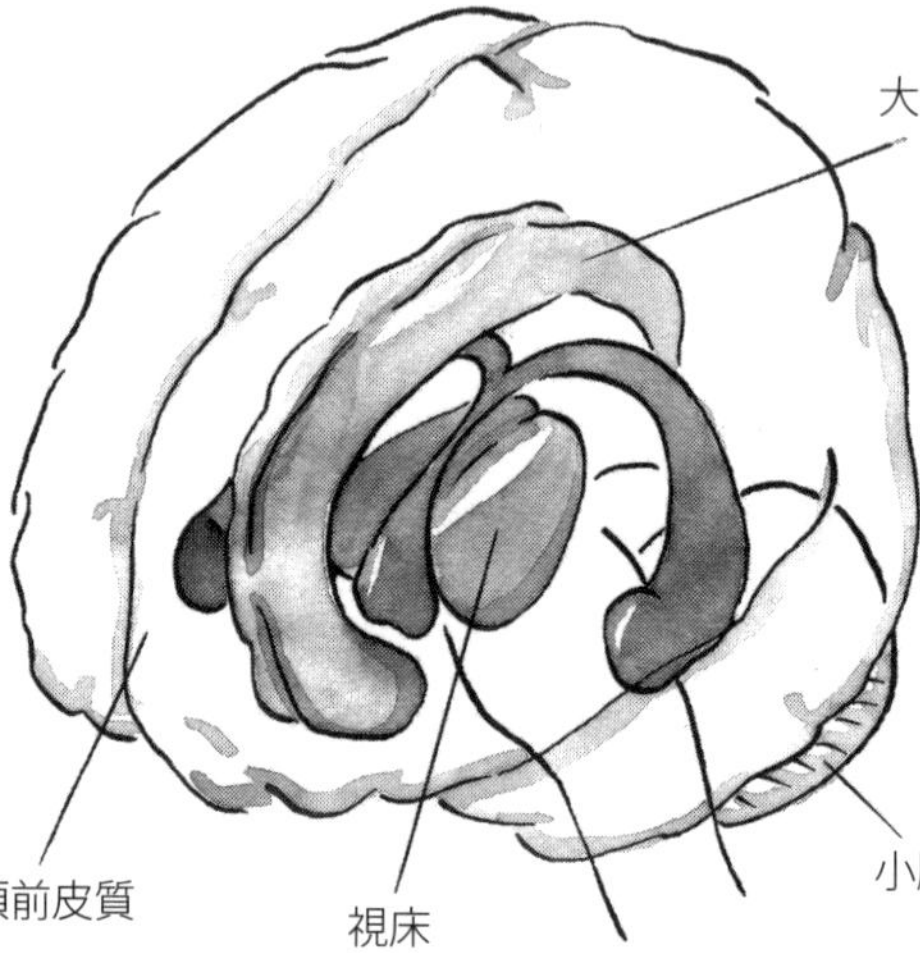

図４　睡眠不足で活動が減る脳の領域。

減少幅が、どれだけ疲労を感じるか、またどれだけ認知機能が弱まるかに、直接関係しているということだ。全般的に見れば、あまり睡眠をとっていないと五感を通して入ってくる情報に十分な注意を払わなくなるため、それら外部世界の情報を認識する脳のシステムが弱まってしまうことを示している。右側の視野に入るものを見がちになるという偏りは、脳内の視覚処理領域での活動の減少に関連しているので、この視覚障害の原因も注意力の変化にあるとみなすことができる。

実際の思考過程については、最も複雑な課題をこなす力が睡眠不足によって低下する。複雑な課題というのは、創造力、水平思考（訳注：論理的な「垂直思考」ではなく、直感的なひらめきやアイデアを生む思考法）、新機軸《イノベーション》、柔軟性（たとえば、褒美を手に入れるために右または左に曲がるなど、ふたつの異なるルールのあいだで切り替えができる能力）が求められるものだ。十分な睡眠をとらなかった人は、独創的なアイデアを思いつく回数が減り、古い戦略が効果的ではなくなっている可能性があってもそれに固執する傾向がある。これらの過程はすべて脳の一番前にある前頭前皮質で処理されるので、睡眠不足のあとでは脳のこの領域の活動がふだんより減るという事実によって、こうした種類の障害をある程度は説明できる。だが意外にも、ＩＱテストや批判的思考のような論理的推論を必要とする高水準な過程になると、丸々二晩にわたって徹夜したあとでさえ、ほとんどいつも通りの成果が上がるのだ。この結果からは、こうした課題を解決するのに、実際にはこれまで考えられていたほど前頭前皮質を使っていないことがわかる。[1]

睡眠の乱れによって水平思考の力と柔軟性が失われると、人は変則的な決断をするようになるらしい。たとえば、睡眠不足になると人は危険を冒す傾向が強くなる。脳の反応の研究によれば、そのような場合の危険をかえりみない行動では、満足感を味わえる経験（チョコレートを食べる、性的交渉をもつなど）のあいだに活性化する脳の領域（報酬系）で異常なほど強い反応が見られる一方、うまくいかなくて（つらい状況に陥る、大切なものを失うなどの）マイナスの結果になっても、脳の懲罰系には予想される反応が起きない。さらに睡眠不足は道徳的判断も鈍らせるらしく、反応が遅くなるうえに、いつもの状況での自分の道徳的態度をはずれた選択をする確率が高くなる。全般的に見て、人が睡眠不足に陥ると脳の懲罰系と報酬系のバランスが一時的に崩れることがわかる。このアンバランスは、日常的に風変わりな危険を冒す人（たとえば、ベースジャンパー、エクストリームスキーヤーなど――第9章を参照）に見られる脳の活動パターンと似ている点が興味深い。

コーヒーを飲めば注意力と慎重さは増すかもしれないが、知的および道徳的判断に影響を与える疲労の問題は、カフェインでは解決できない。これはコーヒーに頼る人たちにとって残念な知らせになるだけでなく、こうした判断の過程には、注意力や警戒心の不足のようにカフェインが影響を与える種類の障害とは大きく異なる神経基盤があることを示している。

悪いことが記憶に残りやすいわけ

ここまで取り上げてきた問題に加え、睡眠不足は感情もゆがめると聞いて驚く人はほとんどいないだろう。最近の徹夜明けの日をどれだけうまくやり過ごせたとしても、世の中がとくに明るく楽しいとは感じなかったはずだ。いつもより悲観的なものの見方は全身にわたる低調な気分からくるもので、疲れ果てれば、ごくふつうにそうなる。ただしこれは単なる気分の問題では終わらず、たいていの場合は、積極的に考えて行動する、欲求を抑える、自分について前向きに考える、相手の気持ちを理解する、全般的に感情的知性を動員するという意志も薄れてしまう。睡眠不足になると、きちんと休んでいる状態のときにくらべて簡単に苛立ち、我慢ができず、人に厳しくなり、思いやりが消え、自己中心に陥りがちだ。このような状態がすべて組み合わさると、気分障害の診断テストの点数に変化が表れ、まったく正常な人でも臨床的に意味のある範囲に入ってしまう場合も多い。徹夜をして診断テストに臨めば、鬱病に分類されてしまうことがあり、ときには精神病質だと診断されることさえある。[2] このような問題には単なるエネルギー不足が関係している面はあるものの、疲労がたまると世の中すべてを否定的なフィルターを通してとらえるようになる場合があるという証拠が見つかっている。ごくふつうの顔の表情を悪いほうに解釈しやすくなり、ユーモアを理解しにくくなる。そうなる理由は、はっきりわかっていない。ある研究では、ふだん否定的な感情を取り除く役割を果たしている前頭葉の領域が、睡眠不足になると正常に機能しないことがわかっている。その結果、否定的な認知に反応する脳の領域（扁桃体など）が過度に興奮することになる。

学齢の子どもたちとその親は、寝不足が学習の妨げになることを経験から知っている。神経画像を用いた研究によれば、夜に十分な睡眠をとらなかった翌日に何かを学習すると、きちんと睡眠をとった翌日に同じ内容を学習する場合にくらべ、海馬の活動が著しく低調になる。海馬は新しい情報を覚えるために不可欠な脳の部分だ。[3] 海馬を十分に動員できなければ、学ぼうとしている情報が神経回路に正しく刻み込まれないので、あとで記憶が薄れてしまう。ただし興味深いことに、このような一時的な疲労による学習障害は、否定的な情報の記憶には影響を与えないらしい。睡眠不足の人に、とくに不快なものを表す単語のリスト（殺人、レイプ、死）、とくに心地よいものを表す単語のリスト（美、愛、幸福）、そのどちらでもないものの単語のリスト（椅子、植物、建物）を見せると、否定的な単語については十分に休んだ場合と同じだけ記憶できたのに対し、肯定的な単語と中立の単語は忘れやすい傾向があった。[4] その理由ははっきりわかっていないが、否定的な情報は進化の面からは実際に重要な意味をもつことが多いので（毒イチゴは二度と食べたくない……）、くたくたに疲れていてもこの種の情報は記憶に刻まれるよう、追加の手段が採用される可能性がある。この考え方は脳画像によっても明らかにされている。脳画像を見ると、睡眠不足のときに否定的な情報（この場合は絵）を覚える場合は追加の脳領域が大量に動員されるのに対して、中立的あるいは肯定的な情報の場合、追加領域の動員はない。

否定的な情報をことさらに強調すれば、危険な状況を（毒イチゴも）避けるのに役立つかもしれないが、不快な内容の記憶がほかのどんな記憶にも勝ってしまうことになり、実際問題として心理的な面からは不運と言わざるをえない。睡眠不足になると気分が落ち込むのは、疲れた人が世の中を見るときの否定的なフィルターに、こうして悪いことの記憶ばかり残る状況が組み合わさった結果と言えるかもしれない。

まとめ

この章では、睡眠を十分にとらないと精神機能の全般にわたって正常な働きが損なわれることを示して、脳にとっての睡眠の大切さを説明してきた。睡眠不足の状態では脳の多くの領域の働きが悪くなるため、感覚が鈍り、創造力と水平思考の力が失われ、道徳的な判断基準と意思決定能力も変化してしまう。睡眠不足は新しいことを学習する力を混乱させ、全体的に気分を落ち込ませる。これらについてはあとの章でさらに詳しく見ていく予定で、第8章では水平思考と新機軸にとっての睡眠の重要性、第9章と第10章では感情の処理に睡眠が与える影響を取り上げる。

第3章 脳と記憶の仕組み

脳を外から眺めると、ピンクがかった灰色の、ぶよぶよした塊にしか見えないかもしれない。でも実際には、複雑で精密に調整された構造をもっている。ゼリーの内部に慎重にナイフを入れてみれば、いくつもの異なる質感と色合いが見つかるだろう。ニューロン（神経細胞）の細胞体が集まった灰白質と、細胞体と細胞体をつなぐ長くて脂肪で包まれた部分からなる白質がある。細胞体は脳で信号を発する作用因子と考えられるが、そのあいだをつなぐ部分は、できる限り高速でメッセージを伝えるだけだ。

さらにこまかく見ていくと――この一見頼りないピンクがかった灰色をしたゼリーに、さまざまな方向から切込みを入れていくしか方法はないだろうが――灰白質も白質もそれぞれ場所によって異なる質感をもっていることがわかる。これは、たくさんの細胞を緻密に組織化している微細構造、そこにある細胞の正確な種類、さらにそれらの種類が含まれている比率が、脳の機構ごとに違うからだ。一部の領域では細胞が規則正しく並び、顕微鏡を使って調べると、まるで結晶

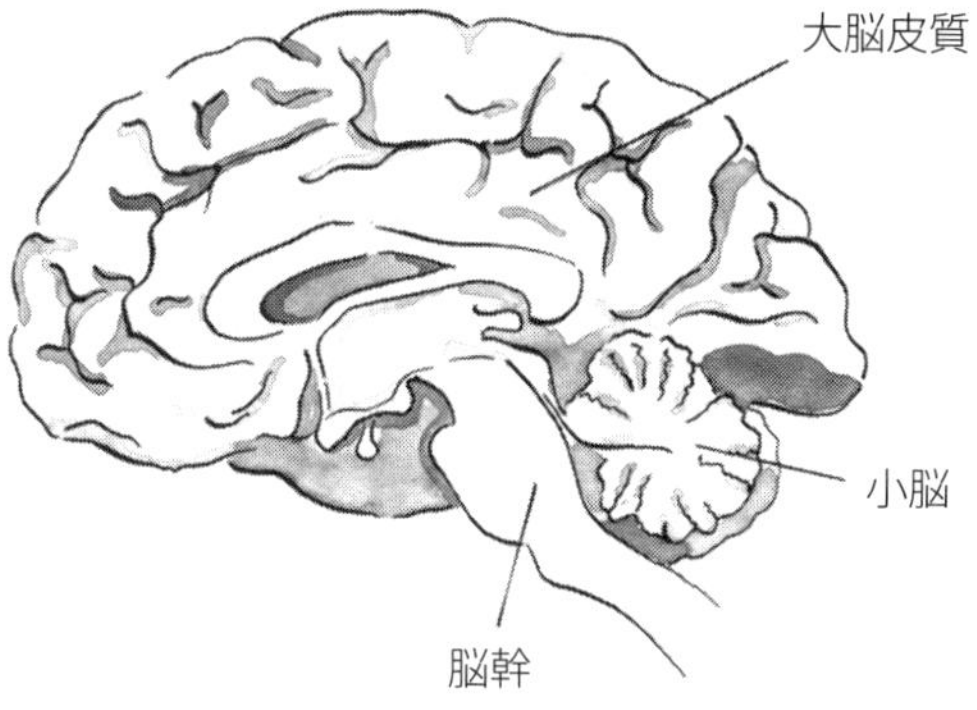

図５ 脳の断面図。

のようにきちんと揃って見える。小脳と呼ばれる脳の底部にある大きい構造がその例になる。一方、細胞がもっとでたらめに積み重なっているように見える領域もある。ぎっしり折りたたまれた状態で脳の上部をおおっている大脳皮質の大部分では、細胞がそれぞれの層で異なった状態に組織化されていて、入力を受け取る層と、出力にたずさわることが多い層があるように見える。こうして入力と出力を認識していると聞いて、コンピューターを思い浮かべた読者は正解だ――脳はまさに巨大で複雑なコンピューターそのもので、入力と、出力と、そのあいだで起きる処理が、すべてきめこまかく組織化されている。

どの領域と組織がどの機能を果たしているのかという脳全体の構造については、第6章で詳しく説明する。その前の、この本をさらに読み進めるための準備として、この章では心の構成要素であるニューロンについてじっくり考え、それらが電荷を利用してどのように情報をや

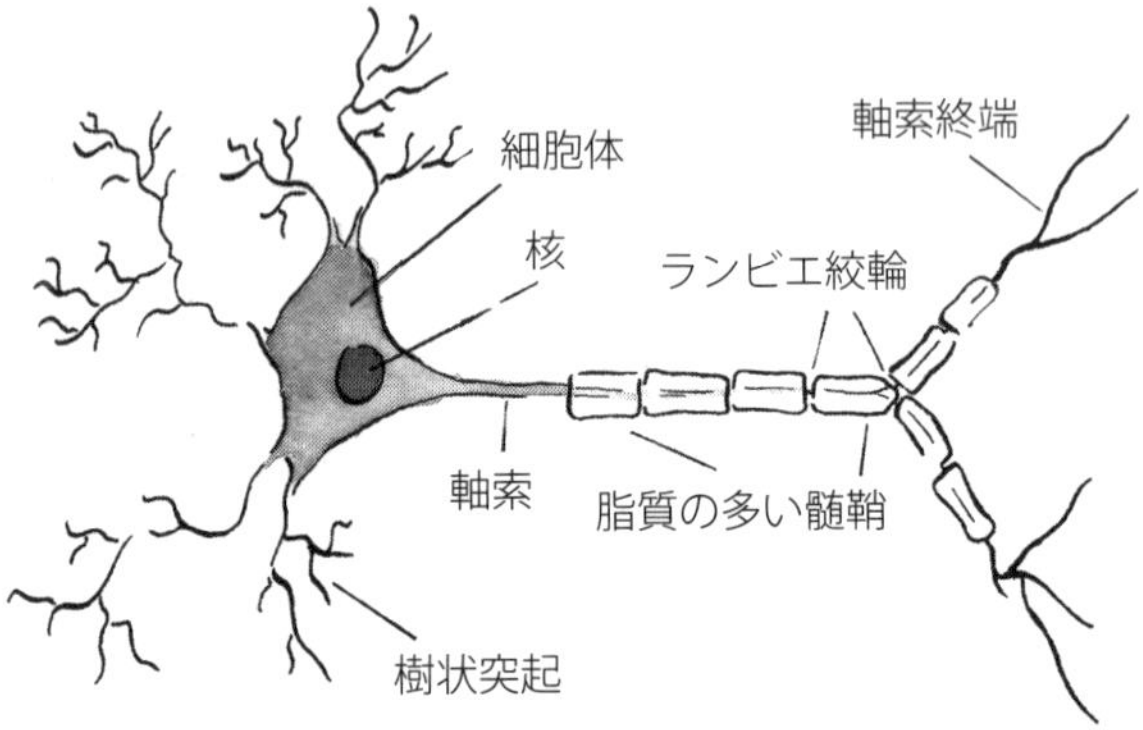

図6　ニューロン（神経細胞）。

りとりするか、また相互作用の方法の微細な変化がどのように記憶の物理的な基礎となるかを説明していくことにしよう。

ニューロンのどこが特別なのか

では、あらゆるパソコンのなかで最も多くのゼラチン質を含んだこのコンピューターの、基本的な構成単位は何だろうか？　ニューロンには数多くの種類があるが、まずは定型化したマンガのような構造を思い浮かべるのが一番簡単だ（図6）。ニューロンは、細胞の核と質量の大半を含んだ細胞体、枝分かれしていてほかの細胞から入力を受け取る樹状突起、メッセージを伝えられるようにほかの細胞やほかの脳領域に向けて突き出している長い軸索で構成されている。脂質に富んだ物質に包まれた細長い軸索が脳の白質を作り上げ、それより脂質の少ない細胞体が灰白質を作り上げている。

なぜニューロンが特別なのかを理解するには、それらが互いに情報をやりとりする方法、つまりコミュニケーションする方法を理解する必要がある。そのやりとりを決定するのは細胞の内と外の電荷だ。ニューロンの内部は、そこから抜け出すことのできない負の電荷をもつタンパク質で満たされていることがおもな要因となって、負の電荷をもっている。それに対して細胞の外にある塩を含んだ液体は、正の電荷をもっている。ナトリウムイオン（Na^+）などの正の電荷をもつ粒子がたくさんあるためだ。

磁石で遊んだ経験から思い出せる通り、極性は反発力または吸引力を生み出す。同じ電荷の粒子は互いに反発するが（正は正を跳ね返し、負は負を跳ね返す）、反対の電荷は互いに引き合う。ニューロンには、内側が負の電荷をもち外側が正の電荷をもつことから、静電圧力と呼ばれるこの力が存在する。細胞の内外にある電荷の違いは膜電位と呼ばれている。（理想的には細胞の中に移動したい）正の電荷をもつナトリウムイオンと、（理想的には細胞の外に移動したい）負の電荷をもつ細胞内のタンパク質の両方に、膜電位が働いている。細胞が不活性のあいだ、これらの粒子は細胞膜を通過できずに動けない。ただし細胞膜には微細な門がいっぱいあって、ほとんどいつも閉じたままになっているものの、開くと粒子を通過させることができる。

門が開き、電荷を帯びた粒子が細胞膜を通って移動すると、電気的勾配が減って膜電位が下がる。膜電位がある限界より低くなると、今度はナトリウム専門の門（ナトリウムチャネル）が開いて無数のナトリウムイオンが細胞内に流れ込み、電気的な不均衡をさらに修正しようとする。

この膜電位の素早い変化は、活動電位と呼ばれている。この活動電位のおかげで、ニューロンは長距離間でのコミュニケーションが可能になる。細胞膜のある一点で電位が変化すると、膜の次の（隣接する）点でナトリウムチャネルが開いて、電気的不均衡の変化が細胞全体に伝わっていくからだ。軸索は、大部分が脂質に富んだ組織にきっちり包まれていて、細胞膜の門が開いているときでもイオンが細胞を出たり入ったりできないようになっている。そのため、門が開くと、軸索のなかでもきっちり包まれていない特定の場所（ランビエ絞輪）でのみイオン交換が起きる。その結果、活動電位が絞輪から絞輪へと「ジャンプ」して、細胞に沿って瞬く間に移動できるので、このことは重要な意味をもっている。

活動電位はとても素早く、一過性だ。細胞膜を通過するイオンの高速の動きによって、細胞の内部が外部よりわずかに正に傾くためで、そうなるとイオンチャネルはまた閉じてしまう。その後、細胞膜の小さいポンプが細胞内外のナトリウムのレベルの差を元通りに戻すまで、イオンチャネルが再び開くことはない。活動電位はなくなり、膜電位が元の状態に戻るまで、細胞は刺激に反応しない不応期に入る。細胞がこのようにして活動電位に達することを「発火」すると表現することが多い――細胞膜をはさんだ電気的勾配が高まるまでには時間がかかり、（活動電位によって）急激な変化が起きると、細胞はまたしばらく発火することができない。

記憶の生理学的基盤

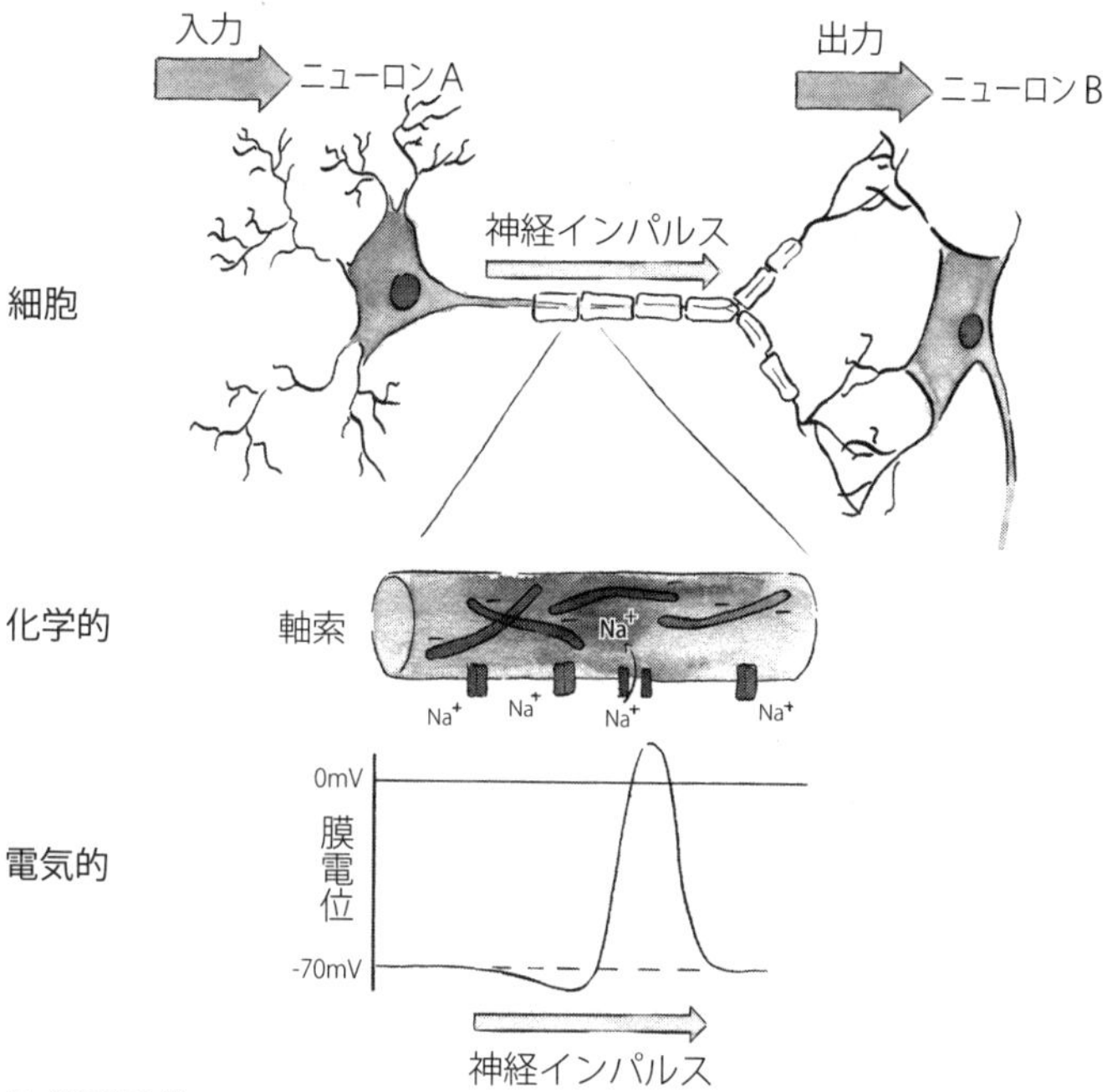

図7　活動電位。

ニューロンが互いにコミュニケーションしたい場合、シナプスを利用する。シナプスは、ふたつの異なる細胞の細胞膜が接するように近づいている場所だ。シナプスの受け取り側にはシナプス間隙（ふたつのニューロンが接している部分にある間隙）をわたってくる分子を結合させられる専用の受容体があるのに対し、送る側には微細なシナプス小胞がある。シナプス小胞は、受け手側の受容体に結合できる特殊な化学物質（神経伝達物質）をカプセル化している、細胞膜に包まれた小さな泡のようなものだ。電気的刺激がシナプスの送る側まで到達すると、シナプス小胞が刺激に応じて活動を開始し、細胞膜と融合してカプセルの中身をシナプス間隙に向けて放出する。カプセルに入っていた神経伝達物質の分子は、間隙を埋めている液体中に広がり、すぐにシナプスの反対側にある受容体が並んだ標的細胞の外膜に到達する。神経伝達物質と受容体との間には鍵と鍵穴のような関係があるが、さらに電気的な力が加わることで、それぞれが正しい位置に結合されていく。神経伝達物質が適切な受容体に触れると、引き込まれ、しっかり固定される。これによって周囲の細胞膜に次々に活動が広がる。神経伝達物質が興奮性のものならばイオンチャネルが開いて、ほとんどの場合はナトリウムイオンが細胞内に入り、最終的に活動電位を引き起こす。抑制性のものならば反対の反応で、細胞の内と外の電荷の差が広がり、活動電位の可能性は減る。

ここで重要なのは、一個の細胞にひとつやふたつの神経伝達物質が結合しただけでは、ふつうは大きい反応は起きないということだ。これらの化学的な伝達物質が結合するニューロンは、統合マシンのようなものだと考えればいい。ほとんどの細胞は数千個の異なる発生源から入力を受け取るが、ほかの細胞にメッセージを伝えるのは、それらの入力が絶対的な強い活動電位を引き起こすのに十分な場合のみになる。さらに、ある細胞へのすべての入力が同じ程度の影響力をもつわけではない。なかには非常に強い入力もあって、極端な場合には一個のシナプスで受け取り側の細胞を発火させられる場合もあるだろうし、反対に並はずれて弱ければ、同じ反応を引き起こすのに何千もの入力が必要になる。さらに抑制性の入力もあり、細胞を発火する状態から遠ざ

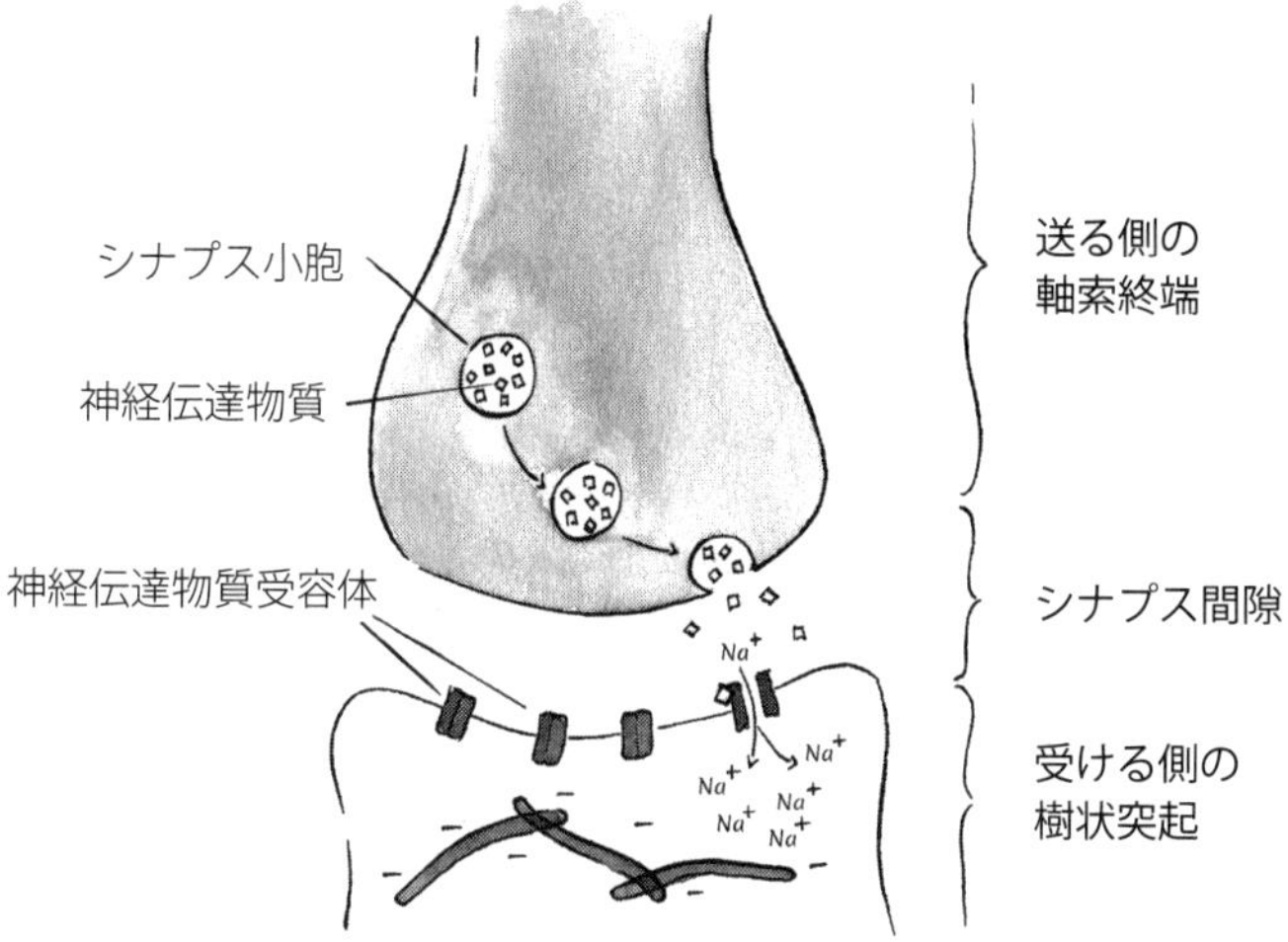

図8　シナプス。

けて、興奮性の入力の影響を弱めるかもしれない。

細胞は、このような多彩な入力を休みなく組み合わせ続け、合計で十分な興奮のレベルに達したときだけ活動するという方法をとっているため、信じられないほど敏感な統合マシンになっている。この事実と、さまざまな入力の強さは時間の経過とともに、また学習によって変化することがある事実を考え合わせれば、私たちの脳の複雑な神経コンピューターが実際どんなふうに働いているかがわかってくるだろう。細胞は情報を統合してメッセージを伝えるのだが、異なる種類の入力の重要性と、それが伝達される確率は、状況に応じて異なってくる。

実際には、このようなさまざまな入力の強さの変化が、記憶の生理学的基盤になっている。また、異なる細胞は異なる種類の情報を運んでおり、それらのあいだのつながりが連想――たとえば、顔と名前、チョコレート菓子の包装紙とチョコレートの味――を生むと考えれば、さらに筋が通ってくる。もちろん、これらの記憶を作り上げるためには二個だけではなく、もっと多くのニューロンが必要になるが、シナプスの強化という基本原則はニューロン集団全体について言えることだ。

ともに発火するニューロンはともにつながる

特定の入力の強さを、どのようにして変えられるのだろうか? 受け取り側の細胞がそれらの種類の入力に対して、単純に感受性を高めるということだ。たとえて言うならば、ひとりの友だちが急に特別な存在になったとき、たとえばその友だちに恋心を抱いているのに気づいたら、その友だちの言うこと(言葉による入力)に以前より敏感になるのに似ている。その場合、その友だちからの入力は自分にとって二倍から三倍重要になり、その結果として、二倍から三倍反応しやすくなるかもしれない。それと同時に、以前の恋の相手や魅力に乏しい友だちなど、ほかの人からの入力には鈍感になって、反応も鈍くなるだろう。さまざまな友だちからの入力に対する反応の程度は変化する。つまり、「可塑性」がある。この場合の自分がニューロンだとしたら、このような柔軟性を「神経可塑性」と呼ぶことができる。ある発生源からの入力にどれだけ反応しやすいかを変えられる能力だ。もちろん、細胞には友だちもいないし、互いに恋したりしないから、このたとえには限度があるが。

ではどんなときに、脳細胞が姿勢を正して相手に特別な注意を払うようになるのだろうか？　標語のように表現すると、こんなふうになる――「ともに発火するニューロンはともにつながる」。つまり、ニューロンが特定の発生源からの入力を受け取ると同時に活性化して発火するなら、その後はその発生源からの情報の大切さが強まり、受け取り側のニューロンも発火する割合が高まる。過去にアドバイスに従ったことがある友だちの意見には、従いやすい傾向があるのと似ている。ある細胞が別の細胞からの入力の影響を強化した場合、それらのあいだの関係が「増強」されたと言う。この種の増強には一時的なものもあれば半永久的なものもある。後者は長期増強と呼ばれていて、このような長期的なつながりの強化が、記憶の神経的な基礎を形成していると考えられている。

もう少し詳しく見ていくことにしよう。友だちが一〇人いて、それぞれから同じだけの影響を受けている場合を想像してみる。行動を起こすには少なくとも二人の友だちからの賛成の入力が必要なので、閾値は二だ。ある日、微妙な決断が必要になり、友だちのうち六人がアドバイスをくれると、そのうち四人は行動を起こすことに賛成し、二人は反対している。これらの異なる入力を統合すると、差し引きで賛成の入力が二になる――閾値を超えているので、行動を起こす。

ニューロンは「ともに発火するニューロンはともにつながる」の原則に従って、さまざまな友だち（ほかのニューロン）とのきずなの程度を変えていくことになる。具体的に言うなら、この例で行動を起こすことに賛成するアドバイスをくれた友だちとのきずなは強まり、その後はこれらの友だちからの影響が大きくなるだろう。つまり、過去にこれらの友だちのアドバイスに従って行動したことを記憶しているから、将来はその人たちへの注目が高まりやすくなる。時の経過とともにアドバイス、行動、きずなの強さの変化というサイクルを何度も何度も経験すると、徐々に特定の友だちに大きく頼り、ほかの友だちからはほとんど影響を受けなくなるかもしれない。そうなれば、影響力のある友だちと非常に強いきずなを築いたと言え、ニューロンの用語を使うなら、非常に強いコミュニケーション・チャネルが確立され、シナプスが強化されたということになる。

ここで重要な制約がひとつある——ニューロンの場合、きずなの強さが変わるのは一般的に入力（アドバイス）と出力（決断）が同時に起きる場合のみだ。アドバイスを覚えておいて一週間後に行動することは、ニューロンにはできない。ただその一瞬ごとにある入力をまとめられるだけで、入力はわずかな時間で完全に消えてしまう（この入力は実際には電荷の流入または流出で成り立っていて、それが全体的な電気的膜電位を変えていることを思い出してほしい）。そのうえ、ニューロンが行動を起こすために二という閾値があるとすれば、ふたつの入力を別々にではなく、同時に受け取る必要がある。複数の友だちが同時に情報を提供する必要があるわけで、ただ大声で叫ぶのが何かを伝える最良の方法ではないのだ。

生理学的な用語を使うと、ふたつの異なる入力細胞からの興奮性神経伝達物質が、同時に受容体に接触する必要があることを意味している。そうすれば細胞膜にある二組の門が開き、二組の電荷を帯びた粒子（だいたいナトリウムイオン）が流入できる。行動の閾値が二なら、それらのナトリウムイオンの移動によって、活動電位を発火させられるだけの膜電位の変化を起こすことができる。

まとめ

この章はこの本のなかで最も専門的な章で、脳細胞がどのようにして情報をやりとりして保存するかの基本原理を説明してきた。電荷を帯びた存在としてのニューロンを紹介し、その細胞膜にある微小で電気的感受性をもつ門が開いたり閉じたりして、活動電位を発火させる方法も説明した。さらに、これらの電位の変化がニューロンに沿って伝わる方法と、ニューロンがシナプスで神経伝達物質を放出することによって情報のやりとりをする方法についても話した。最も大切な点は、あるニューロンの別のニューロンに対する影響力の変化（シナプスの可塑性）が記憶の生理学的基礎になるという考え方だ。これらのすべてが、これ以降に不可欠な背景となる。とりわけ、脳の睡眠システムを説明する第4章では、神経伝達物質、シナプス、活動電位という考え方を大いに利用していく。

第4章 目覚めと眠りのコントロール

エクスタシーと呼ばれる幻覚剤を飲めば、確実に快感を得ることができる。強烈な反応がすぐに起きるのは、ドラッグがまたたく間に血液に吸収されるからだ。だがこの小さい錠剤は、脳に対して実際には何をしているのだろうか？　人の感覚を、なぜそれほど劇的に変えてしまうのだろうか？

精神活性剤は、脳の自然な情報伝達系を混乱させることによって効果を発揮する。リクリエーショナル・ドラッグと呼ばれるもの（エクスタシー、コカイン、マリファナなど）でも、鬱、不眠、不安、統合失調症の治療に使われるような臨床薬でも、それは同じことだ。これらの化学物質が情報伝達を簡単に混乱させることができるのは、脳が基本的な伝達システムとして化学物質を利用しているからにほかならない。脳は化学的な物質（神経伝達物質）の移動を利用して情報を伝達する。神経伝達物質は細胞外のスペースに放出されて拡散し、場合に応じて隣接するニューロンと結びついて興奮または抑止の効果を生み出す。これらの化学物質はとても精巧な過程を経て、正しい場所に分泌され、正しい細胞に向けて放出され、正しい目標にのみ結合される。精神活性剤はさまざまな方法でその過程を乱すことができ、脳や体が送ろうとしているメッセージをめちゃくちゃにしてしまう。たとえば、通常であれば特定の神経伝達物質が結合するはずの受容体をふさぎ、その物質がいつものメッセージを伝達できないようにして、本物の神経伝達物質のふりをすることができる。あるいは、神経伝達物質を貯蔵庫から放出させたり、すでに放出された物質が正常な速度で回収されるのを妨害したりして、シナプス間隙に異常な高濃度まで蓄積させ、混乱させることもできる。

ここで、神経伝達物質には異なる種類が数多くあって、そのすべてが同じ仕事をするわけではないという点が重要になる。一部の物質は興奮を呼び起こすもので、細胞膜の微小なチャネルを開いて正の電荷を帯びたナトリウムイオンを受け手側の細胞内に流入させ、活動電位発火の閾値にまで押し上げるのに対し、一部の物質はその逆の効果をもたらして、細胞が発火する可能性を低くする。個々の神経伝達物質は、それに合うように設計された受容体をもつ細胞にのみ影響を与えることができる（鍵と鍵穴のたとえを思い出してほしい）。そのため、ある化学物質を脳全体に吹きかけたとしても、特定の脳の組織にある特定の種類の細胞にしか影響を与えない――つまり、その作用を特定の標的だけに向けることができる。

脳細胞も人間と同じように、一対一で情報をやりとりすることもあれば、大勢に対して一斉に何かを知らせなければならないこともある。第3章で、一対一の情報のやりとりはシナプスで行なわれていることがわかった。シナプスでは二個の細胞の膜（前膜と後膜）がごく近くまで接し、そのすきまに神経伝達物質が放出される。だが細胞がもっと多くの相手に情報を伝えたい場合は、シナプスを迂回する傾向がある。神経伝達物質は、細胞の別の場所から放出されて、脳のずっと広い範囲にまで到達できる。何に一番似ているかと言えば、一対一のやりとりが電話でするヒソヒソ話なら、こちらはラジオ放送のようなものだ。神経伝達物質がこの方法で使われる場合は、神経修飾物質と呼ばれることが多い。化学的な状態をコントロールすることによってニューロン集団全体の活動に影響を与え、ほかの刺激に対する反応を弱めることも強めることもできるからだ。神経修飾物質は、いったん放出されると長い時間（二〇分ものあいだ）とどまることができ、脳の広い範囲にまで拡散できる。

これまで説明してきたことは、いったいどんなふうに睡眠と関係するのだろうか？　睡眠薬を飲んだことがある人なら、私たちが神経伝達物質の複雑なカクテルの活動に基づいて眠ったり目覚めたりしていると聞いても驚かないにちがいない。最も一般的ないくつかの神経伝達物質が、どうやって睡眠と覚醒を促すのか、まとめてみることにしよう。まず、アセチルコリンは脳内で最も一般的な神経伝達物質のひとつだ。人が目覚めているために必要不可欠なもので、覚醒系の中心的な神経伝達物質として脳幹から脳のほとんどの場所まで信号を運ぶ。覚醒系は、活動時には絶え間なく脳を刺激し続け、ドアを叩きながら「目を覚ませ！」と叫んでいる。それに対してＧＡＢＡは抑制性の神経伝達物質で、ものごとのスイッチを切る、あるいは少なくとも反応を弱める傾向がある。GABAは覚醒系が出す警戒信号の影響を弱めるので、睡眠には欠かすことができない。一度に眠るのは脳の片方の半球だけというイルカのような動物では、とくに顕著に働く。セロトニンは、鬱とのかかわりとともに、エクスタシーなどのリクリエーショナル・ドラッグとの相互作用でも知られている（エクスタシーは間接的にセロトニンのレベルを上げて、一時的な陶酔感を引き起こす）。睡眠にセロトニンが不可欠なのは、アセチルコリンの影響の一部を抑制することによって、睡眠に導くことができるためだ。一方、逆説的になるが、セロトニンはある一定の条件下では覚醒を促すこともでき、この神経伝達物質の濃度は覚醒時に最も高くなる。

以上、化学物質が睡眠をどのようにコントロールするかを簡単にまとめたが、もちろん実際の働きはこれよりずっと複雑だ。ほかにも数多くの神経伝達物質がかかわり、睡眠の段階が異なれば伝達物質の異なるカクテルが登場する。これをもう少し詳しく説明するために、脳内で睡眠と覚醒がどう制御されているかをはじめて解明した、研究初期のいくつかの病状について考えてみることにしよう。

覚醒系と睡眠促進系

一九二〇年代、北米と欧州を奇妙な病気が席巻した。この病気にかかった人は、ただ眠っても眠っても眠けが消えなかった。多くは一日に二〇時間以上も熟睡し、食べる時間だけ目を覚ましていたかと思うと、また眠りに落ちてしまう。この現象を研究した著名なオーストリアの神経学者、フォン・エコノモは、次のように書いている。「患者は座っていても立っていても眠りに落ち、歩きながら、または食事中に口に食べ物を入れたままで、眠ってしまうことさえあった。……起こされるとすぐ、はっきり目覚め、見当識は保たれて完全に意識がある……しかしまたすぐ眠りに落ちてしまう」[1]

ごく当然ながら、この病気は眠り病と呼ばれ、正式には嗜眠性脳炎《しみんせいのうえん》と名づけられた（フォン・エコノモ脳炎とも呼ばれる。アフリカ睡眠病も同じように眠り病と呼ばれることが多いが、同じものではない）。エコノモはこの病気の研究を続け、やがて眠り病が視床下部後部という脳の領域の深刻な炎症に関連があることを突き止めた。この領域に損傷を受けると、こうして半ば連続的な浅い眠りに陥ったことから、脳を覚醒させておくために重要な場所にちがいないと判断したのだ。

その後の研究によって、エコノモの考えは正しかったことが実証された。今では、覚醒状態は上行性網様体賦活系《じょうこうせいもうようたいふかつけい》（ARAS）と呼ばれる一連の神経的なつながりによって引き起こされ、継続することがわかっている。ARASは脳幹にある神経節（ニューロンの集合）の集まりで、アセチルコリンをはじめとした多数の神経伝達物質を用いて、脳のほかの部分に向けて「目を覚ませ」という強力な信号を送る（図9）。これらのメッセージは、エコノモが研究した眠り病によって損傷を受けた視床下部後部を通過するので、その患者たちが目を覚ましていられなかった理

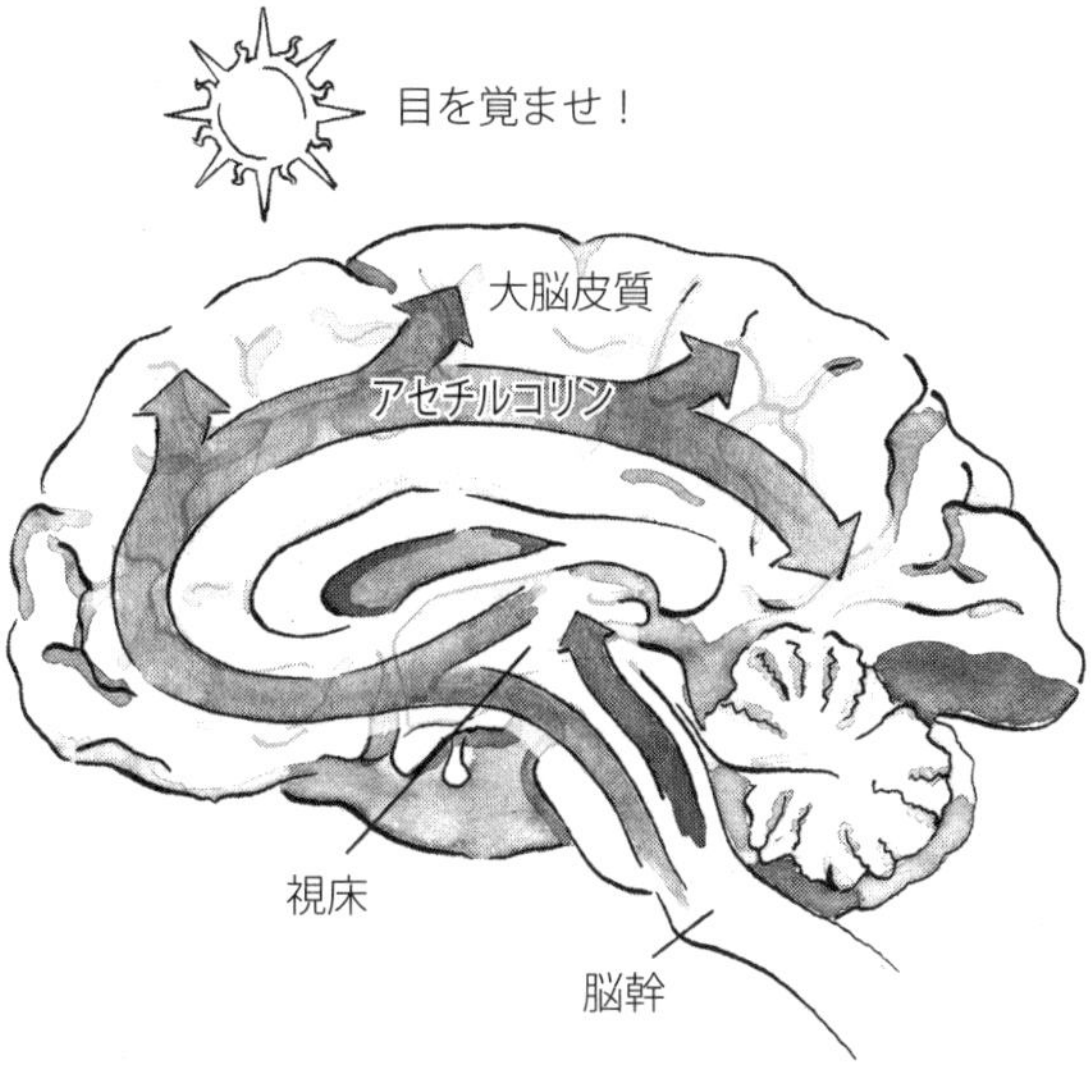

図9　上行性網様体賦活系（ARAS）。

由をほぼ確実に説明できる。事実、ラットを用いて実験すると、この毛皮にくるまれた仲間も視床下部後部を損傷した場合、ずっと居眠りを続ける。

以上をまとめれば、脳を目覚めさせたままにしておくにはARASが重要なことがわかる。ここで、ARASにはふたつの異なる経路が含まれている点に注目しておきたい。一方は、脳幹の神経核の集まりが大脳皮質に直接的に情報を伝える経路で、強い覚醒信号を送る。もう一方は、脳幹の神経核のそれぞれが視床に情報を伝える経路で、大脳皮質への感覚情報の到着を促すことで、警戒信号の役割を果たす。

ただし、おもしろいことに、エコノモの患者全員が目を覚ましていることに問題を抱えていたわけではない。まったく逆の問題に悩んでいた患者もいた——深刻な不眠症だ。これらの患者の脳を綿密に検視したエコノモは(なかにはこの病気で命を落とした患者もいた)、不眠症の場合は視索前野という脳の別の領域に損傷があることを発見する。そしてこの損傷が不眠症につながっていることから、ここが睡眠を促すために重要にちがいないと考えた。これも正しい判断だった。その後の研究によって、視索前野に両側性病変があるラットは、ずっと目を覚まし続けることが明らかになった。視索前野は、睡眠を促して維持するためになくてはならない領域だ。

視索前野が睡眠促進の機能をどのように果たすのかを、詳しく見てみることにしよう。視索前野のニューロンが下方の脳幹に向けて信号を送ると、脳幹はARAS(覚醒系)のニューロンと情報をやりとりして、事実上はそのスイッチを切り、「目を覚ませ」という信号が脳の残りの部分に届かないようにして睡眠を促す。視索前野のニューロンはさらに、脳幹の細胞が音やそのほかの外部刺激に関する情報も伝えられないようにする。そのような刺激は目を覚まさせる原因になる。この領域のニューロンはノンレム睡眠のあいだに最も活発に働き、レム睡眠では活動が鈍って、覚醒時には最小限にしか働かない。

視索前野(睡眠促進系)とARAS(覚醒系)とのあいだの情報のやりとりは、一方通行ではない。ARASのニューロンは視索前野に信号を送り、チャンスがあれば、そのニューロンを遮断することさえできる。つまり、これらのふたつのシステム(覚醒系と睡眠促進系)は、実際には互いにつながり合っている——それぞれが相手の働きを抑制する。図10は、その様子を示した

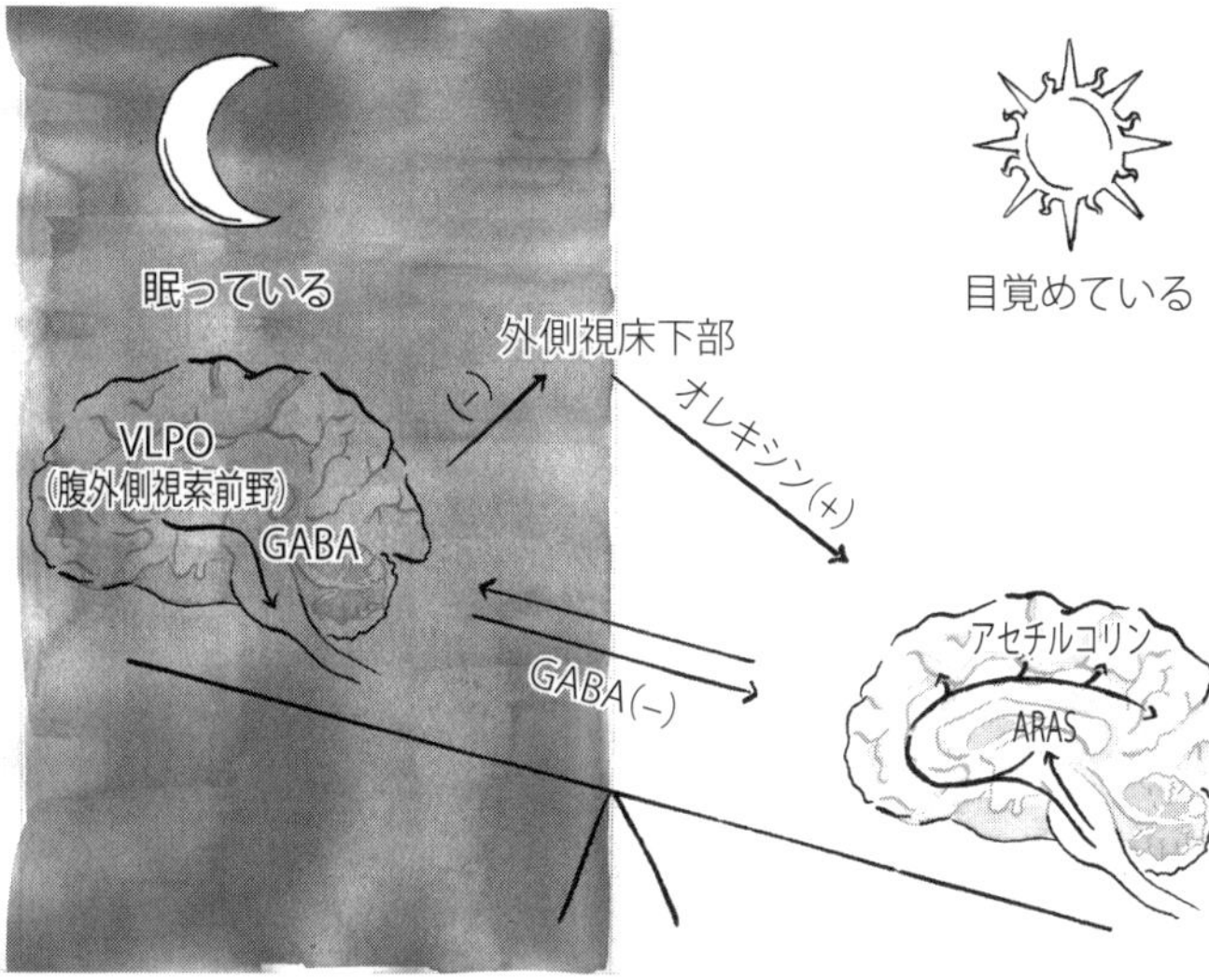

図10　睡眠覚醒のフリップフロップ。

ものだ。左右のどちらかにかかわらず、最も強力に活動している側が優位に立って、相手側を抑え込んでいるのがわかるだろう。これが睡眠覚醒調整機構の中心となる特色で、私たちがほんの短いあいだでもうたた寝できる理由がわかる。人は眠っているか眠っていないかのどちらかだ――この仕組みはそれを確実にしようとする。

　工学用語を使うなら、このようなやり方を「フリップフロップ」スイッチと呼べる。目覚めているか眠っているかのときだけ安定し、その中間にある場合は不安定だからだ。一日が過ぎるうちに疲れがたまり、睡眠の圧力が高まるにつれて、また二四時間周期の入力が徐々に眠る時間に移っていくにつれて、このスイッチのバランスはゆっくりと変化する。これらの力はどちらも、覚醒と睡眠のあいだをあまり急速に推移しないよう、うまく調節するものだ。シーソーのようなシステムだと思えばわかりやすい――どちらか一方が完全に下がり、反対側が完全に上がっているとき（たとえば、すっかり目が覚めているとき）が、最も安定した状態だ。上がっている側を、（睡魔や、一日の遅い時刻になったなどの）圧力が少しずつ押し下げていくと、システムはだんだん不安定になり、やがて反対側が完全に上がった状態（睡眠）に変わる。

もちろん、覚醒と睡眠がすぐ切り替わるのが必ずしも好都合とはかぎらない。事実、ナルコレプシーと呼ばれるとても難しい病気があって、その最大の問題は切り替わりの速さだ。ナルコレプシーの患者の大半はあっという間に熟睡し、（直観に反して）急に興奮したり驚いたりしたとき眠りに落ちることが多い。ナルコレプシーにかかると、車の運転中や退屈な講義を聴いているあいだだけでなく、大笑いしながら、友だちとゲームをしながら、走りまわりながら、あるいは冗談を言いながら、急に倒れて眠ってしまうこともある。この突然の眠気がとくに注目を引くのは、どの睡眠段階もたどらず、一直線にレム睡眠に入ってしまう点だ。レム睡眠には、体の筋肉がすっかり緩む特徴があることを覚えているだろうか。笑いながら走り回っているとき、急にレム睡眠に陥れば、意識を失うだけでなく、体の力も抜けて倒れ込むことになる。ナルコレプシーの人は、レム睡眠に入って全身の筋力が失われるのに伴い、文字通り崩れおちてしまう。

なぜこんなことになるのだろうか？　ナルコレプシーの原因は、オレキシンと呼ばれる神経伝達物質の異常にあることがわかっている。オレキシンは外側視床下部で作られ、睡眠覚醒のフリップフロップを安定させる役割を果たしている。この神経伝達物質は覚醒系を刺激することによって目を覚まさせ、システム全体を睡眠ではなく覚醒に傾けさせる。オレキシンがなくなるか異常をきたすと、通常はこの物質がもたらしていた追加の安定性が失われ、システムは（ナルコレプシーの患者に見るように）ふつうより簡単に睡眠に切り替われるようになる。

では、なぜナルコレプシーになるとレム睡眠に入るようになるのだろうか？　オレキシンは目を覚まさせるだけでなく、厳密にはレム睡眠を促す細胞のグループ（ＲＥＭ‐ｏｎ細胞）を抑制する働きもしているからだ。そのため、オレキシンがなくなればこれらのＲＥＭ‐ｏｎ細胞が過度に活動し、このシステムを傷つけられた人は常にレム睡眠に入れる状態になる。ＲＥＭ‐ｏｎ細胞は扁桃体によっても興奮状態になり、扁桃体は恐ろしい状況に反応する――だから、これらのひどく興奮した状態のときは、実際にはＲＥＭ‐ｏｎ細胞が最も活発に働いて、最も支配しやすくなるときでもある。このような生理機能の説明によって、ナルコレプシーの治療にはおもに（レム睡眠を阻害する）抗鬱薬が使われる理由がはっきりするはずだ。

もちろん、睡眠覚醒システムの混乱はナルコレプシーだけではない。不眠症は最も一般的な睡眠障害のひとつだ。不眠症は、覚醒系（通常は視床下部と脳幹上部）の過剰な活性化によっても起きるし、覚醒促進および睡眠促進の両経路の同時活性化によっても起きる。後者は、明らかな睡眠異常が見られないのに本人は寝不足だと感じるタイプの不眠の理由を説明できる。

劇的に変わる神経伝達物質の濃度

健康な脳では、神経伝達物質が複雑に働きながら私たちを寝かしつけ、四つの睡眠段階を進ませ、再び目覚めさせる。ARASや視索前野のようなシステムは神経伝達物質を用いて脳のほかの部分と情報をやりとりするので、意識のさまざまな段階を通過するにつれて、脳ではそうした何種類かの分子（神経伝達物質）の濃度が劇的に変化する。その最もめざましい例として、脳の「目を覚ませ！」信号の中心となっているアセチルコリンをあげることができる。レム睡眠のあいだは、実際には深く眠っているにもかかわらず、脳内の電気的活動が目覚めているときとそっくりに見える。レム睡眠が逆説睡眠と呼ばれるのはそのためだ。そして、レム睡眠時のアセチルコリンの濃度は覚醒時より高いことがわかっている。正確に言うと、レム睡眠のあいだは脳内に放出されているアセチルコリンの量が目覚めているあいだの二倍にもなっている。深い徐波睡眠のあいだはアセチルコリン濃度がほぼゼロまで落ちているのだから、これはとても興味深い。徐波睡眠に入る前には「目を覚ませ」の信号をオフにする必要があるのに、脳をレム睡眠の逆説的な活動状態にもっていくには、もう一度その信号をオンに——しかも二倍の強さに——戻す必要があるように見える。高濃度のアセチルコリンがレム睡眠にとって実際に不可欠ならば、その濃度の上昇を妨げるものは、レム睡眠も妨げることになる——そしてそれは実際に起きている。セロトニンにはアセチルコリンの活動を妨げる働きがあり、セロトニンのバランスが崩れれば気分とやる気がボロボロになるだけでなく、睡眠のパターンも混乱してしまう。セロトニンが多すぎるとレム睡眠が妨げられる一方、少なすぎるとレム睡眠が長すぎることになる。おそらくもう、セロトニン濃度の低下が鬱と不安神経症につながることに気づいただろう。また、この神経伝達物質の不足は不眠症の原因にもなる。レム睡眠が過剰になって徐波睡眠を十分にとれなくなり、極度に疲れを感じるからかもしれない。一般的な抗鬱剤である選択的セロトニン再取り込み阻害薬（ＳＳＲＩ）は、こうした問題の一部を緩和するのに役立つことがある。この薬は、いったん分泌されたセロトニンをシナプスが再び取り込もうとするのを邪魔して、その量を増やす働きをする。つまり、分泌されたセロトニンが通常より長くとどまるようになるので、全体の濃度が高くなるというわけだ。こうして増えたセロトニンは気分を改善するだけでなく、レム睡眠の合計の長さも減らし、徐波睡眠に費やす時間を増やす可能性がある。残念ながらＳＳＲＩは睡眠の継続を乱して、定期的に手足の動きを誘発するので、不眠症の特効薬とはいかないようだ。

脳内物質を操る方法

ちなみに、睡眠の神経化学は、脳内の神経だけにまかせておけばよいものではない。私たちが運動をしたり、ヨガなどで心を落ち着かせたり、鶏肉、魚、大豆製品などセロトニンの成分が含まれている食品を食べたりすることによっても、セロトニンの濃度を高めることができる。あまり意識してはいないかもしれないが、頭をはっきりさせようと思ってコーヒーを飲む人は多いだろう。カフェインはアデノシンの受容体をふさぐことによって、睡眠をコントロールする神経伝達物質の正常な活動を邪魔する。アデノシンはエネルギー消費の副産物で、私たちの日常の活動によって蓄積していく。アデノシンの蓄積は疲労を感じさせるわけだが、カフェインがその受容体をふさいでしまうと効果を発揮できなくなる。真夜中に一杯のカプチーノで頭がきりっと冴えるのは、そのためだ。もちろん、四六時中コーヒーを飲んでいてカフェインの効き目を感じなくなることもあるが、どれだけ慣れてしまっていてもカフェインは長ければ一〇時間も脳内にとどまって、睡眠を浅くする。毎日五杯ずつエスプレッソを飲んでいるがまったく影響がないと思っている人は、一週間続けて飲まずに過ごしてみるといい。長いあいだの依存のせいで体が抵抗するから、割れるような頭痛がし、コーヒーを飲みたくてしかたがなくなるだろう。ほんとうに睡眠を大切にしたいなら、痛みと誘惑に耐えるのが一番だ！

では、アルコールはどうだろうか？　眠りにつくためにアルコールを利用したい人は（とくに交代勤務についている人には）多い。アルコールはGABA神経伝達物質の阻害信号を強め、覚醒系のARASのスイッチを切るのを助けて、ノンレム睡眠に落ちられるようにする。きゅっと一杯やれば、きっと眠くなるだろうが、そこに深刻な落とし穴がある。アルコールには強い常習性があって、一般的にほとんどの身体システムに悪影響を及ぼすほか、睡眠の点でもこのような習慣をつけないほうがよい理由があるのだ。アルコールで引き起こされた睡眠は、はじめのうちは比較的良好なのだが、そのうち何度も目が覚めるようになり、ふつうより多く夢を見て、とくに悪い夢を見る割合が高くなることが多い。常習者では、これに頭痛と口の渇きが加わることがある。こうした問題の一部は、アルコールの急速な代謝作用による。最初の数時間が過ぎたあとに、体で離脱症状がはじまるためだ。簡単に言うなら、アルコールは睡眠障害を解決するよりも強めてしまう。アルコール性睡眠障害と呼ばれる臨床診断があるほどで、これはいつも眠る前にアルコールを（わずかな量ではあっても）飲む人に当てはまる。どうか避けてほしい！

では、こうしたすべてのことは、睡眠が記憶に対して与える影響とどのような関係があるのだろうか？　神経伝達物質がニューロン間の相互作用をコントロールしているのは明らかだから、睡眠中に発生するこれらの強力で微細な化合物の絶え間なく変わる複雑な動きが、その間の記憶の固定に影響することはまちがいない。記憶固定の標準的な理論では、新しく学習した情報はまず海馬でコード化されるが、固定の過程を通して貴重な知識が大脳新皮質に移されていくにつれ、少しずつ海馬から独立するとみなされている。海馬から新皮質への情報伝達はアセチルコリンによって抑制される。そのため、海馬から新皮質へと知識が移動するためには、徐波睡眠中にこの神経伝達物質が大幅に減少することが不可欠だとされてきた。経験的テストでは、徐波睡眠中にアセチルコリンを人為的に高いレベルに保つと、この睡眠中にふつうなら生じるはずの記憶の強化がまったく消えることが、この考えを支持している。

まとめ

この章では、神経伝達物質とそれに干渉する化学物質が、どれだけ強く脳に影響を与えるかを示してきた。また異なる神経伝達物質は異なるやり方で働くことも説明し、睡眠と覚醒をコントロールするために利用されるおもな化合物についても概説した。眠り病（エコノモ脳炎）も紹介し、この病気から、ふたつの対立するシステムの秘密を明らかにした。つまり、脳幹から皮質に情報を送って「目を覚ませ」と叫ぶＡＲＡＳ（覚醒系）と、睡眠を促すためにＡＲＡＳの働きを妨げる視索前野（睡眠促進系）だ。また、ナルコレプシーや不眠症をはじめとした睡眠覚醒システムの一般的な障害と、自分で頭をはっきりさせるため、よく眠るため、あるいはただ気分をよくするためだけに脳内物質を操作できるいくつかの方法についても触れた。次の章では、睡眠中に脳内で起こる際立った身体的変化を詳しく見ていくとともに、そのような変化が記憶の固定という考え方とどのようにはっきりつながるかを説明していく。

第5章 眠りは心の大掃除

物置や屋根裏収納には、いや自分のベッドの下の広々としたスペースにさえ、雑多なものがすぐにたまってしまうのはご存知の通り。そしてそうした場所にものをいっぱい詰め込んでおくのは、必ずしもよい考えではないこともご存知の通りだ。たしかにヨーグルトの容器や輪ゴムなどを全部とってあるかもしれないが、ガラクタがたまりすぎれば、たいていはほしいときにほしいものが見つかりにくくなる。収納スペースに関するこの一般原則は、脳にも等しくあてはまる——一番大切なものだけを収納し、不要なゴミは捨てること。そしてこれを実現するための通常の手段は、大切なものをゴミから選り分ける定期的な大掃除だ。睡眠、とくに徐波睡眠が、脳の大掃除に似たことをする有力な証拠がある。

シナプスを利用してニューロン間のつながりを強化する方法には限界があることがわかっている。シナプスへの入力がどれだけニューロンの反応をコントロールするかは、友だちからのアドバイスが意思決定をコントロールするのに似ていたことを思い出してほしい。とても大きい影響力をもつ友だちが五人もいて、ほかの人のアドバイスには耳を貸さずにその五人の誰かからアドバイスがあればすぐに従うとしたら、意思決定は騒々しくて最適なものにならないだろう。それと同様に、ひとつの細胞への入力シナプスをあまり数多く強化しすぎれば、それ以上の強化はほとんど意味がなくなる。その細胞はすでに刺激過剰になっているからだ。ごくふつうの経験をしている一日でも私たちは大量の情報に出会うが、そのほとんどは不要で、記憶する必要はない。残念ながら私たちの脳はこのような情報をいつも能率的に選別できるわけではないので、たくさんのシナプスが強化されるなか、その一部は記憶したい重要な情報に関係しているが、一部はあまり大切ではない情報に関係し、一部はまったく意味のない雑音に関係している。その結果、一日も終わるころになると私たちのシナプスは雑然としてしまう。刺激の多い活動を休みなしで延々と続けていると、ぐったり疲れを感じることがあるように、シナプスの力も消耗することがある。シナプスは過剰に増強されることがある。つまり、もうそれ以上は無理だというところまで強化されてしまう。飽和状態になることもある。そうなれば、もう新しい情報を取り込めない。そうした状態になると最適に機能させることは無理だ。散らかった場所を掃除し、シナプスを休め、たまってきた不要な情報を捨てるために、何かをしなければならない。その何かが、睡眠ということになる。

ラジオのチューニングのように

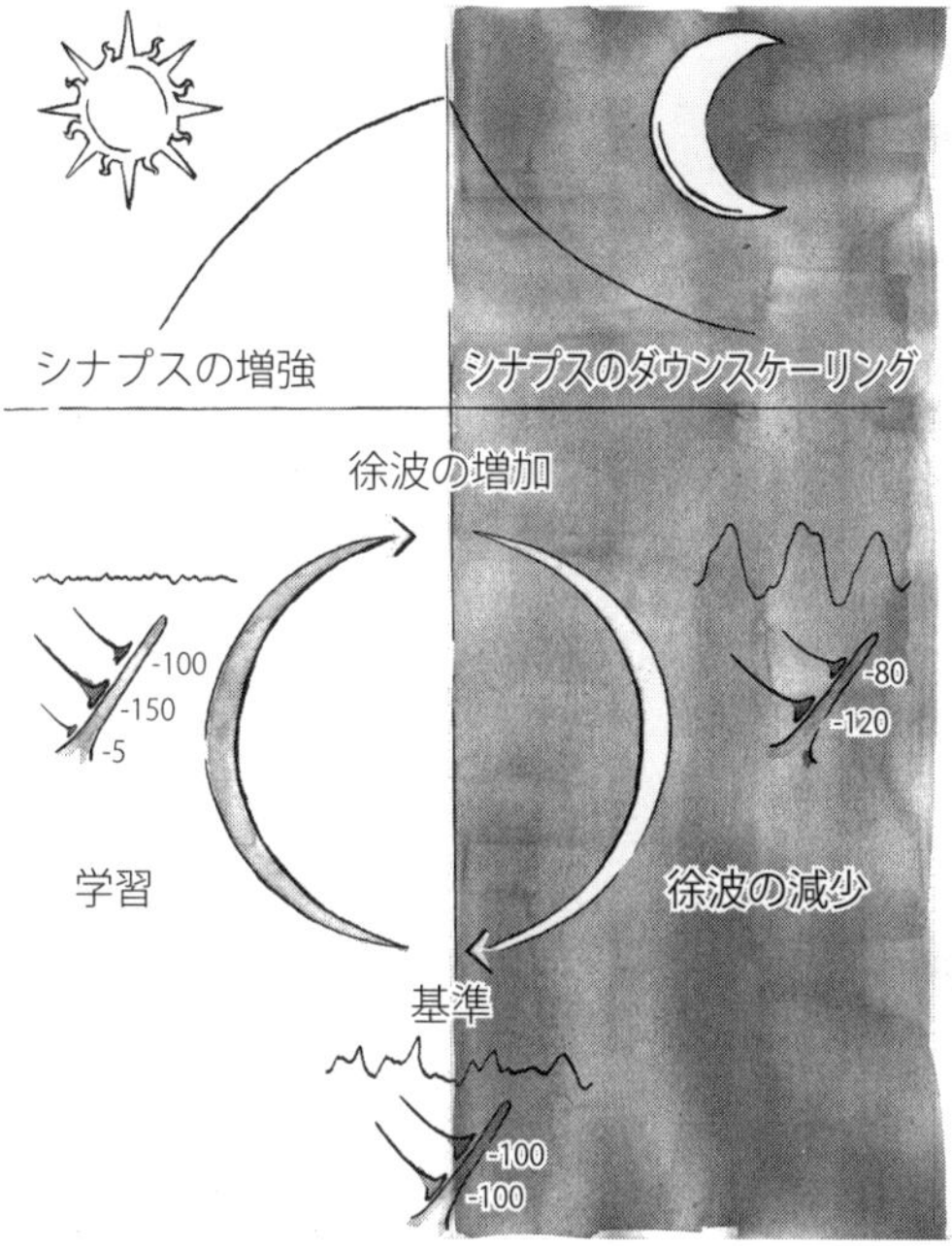

図11　シナプス恒常性モデル。

シナプス恒常性《ホメオスタシス》モデル（図11）と呼ばれるエレガントな理論は、徐波睡眠が全般的にシナプスをダウンスケーリングする（シナプスをだんだんに弱めるまたは脱増強する）ことによって、システム全体をリセットするとみなしている。[1] このダウンスケーリングは新しい学習のスペースを生み出すだけでなく、雑音を排除し、（重要な情報は不要な情報よりも強くコード化されているものと仮定して）雑音に対して重要な情報の比率を高める働きもする。これは、ラジオの音量を下げて背景雑音を聞こえなくするのにたとえられるだろう――全体の音は小さくなっても、雑音がなくなれば、何を話しているかはわかりやすくなる。

シナプス恒常性モデルを最も強く支持しているは、ウィスコンシン大学のシアラ・シレリ、ジュリオ・トノーニ、その同僚たちによるショウジョウバエ（*Drosophila melanogaster*）の実験だ。[2] 異なる覚醒と睡眠を経験したあとのシナプスの生理学的状態を人間の脳では不可能な方法で分析できたのは、ショウジョウバエを実験対象としたからで、その意味でこれらの研究者たちは実に賢明な選択をしたわけだ。いささか侵襲的なこの精査によって、目が覚めているあいだはシナプスが大きくなって数も増えること、シナプスが減るのはハエが眠れたときだけであることがわかった。興味深いことに、シナプスの成長の程度は、それぞれのハエが日中何を経験したかによって決まる――社会的接触の多い環境（ほかにもたくさんのハエがいるハエのショッピングモール）に置かれたハエでは、独房に監禁されたハエよりも大幅にシナプスが成長した。社会生活にすっかり順応したハエは、独房のハエより長い睡眠が必要になり、この睡眠によってシナプスのダウンスケーリングが起きた。睡眠不足のハエではシナプスのダウンスケーリングはなく、この過程には睡眠が不可欠であるという考えを支持している。

シナプス恒常性モデルを支持しているのはハエだけではない。シレリとトノーニらは人間を対象とした一連の実験も行ない、その結果すべてが同じ方向を示している。第一に、運動皮質の特定の領域がかかわることがわかっている手と目の協調作業を何時間も続けて訓練した人では、そ

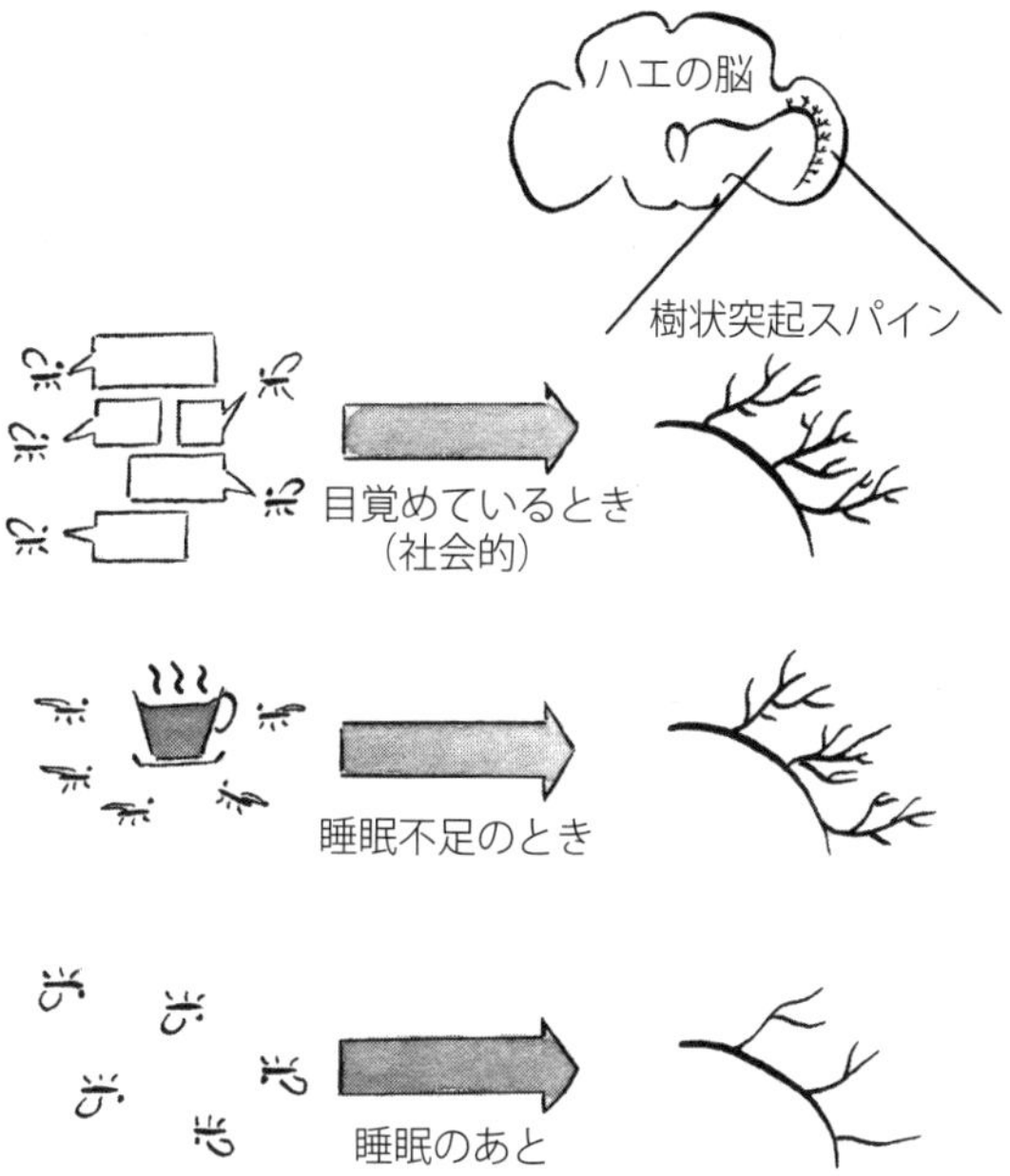

図 12　ハエの脳におけるシナプス恒常性。

の後、該当する皮質領域で睡眠時の徐波が増加する――過剰に増強されたこれらのシナプスにターゲットを定めてダウンスケーリングするために、振幅の大きい徐波が必要になることを示している。[3]逆に、片方の腕だけを三角巾で固定してその腕と手を使えないようにした人では、その後、該当する腕に関連づけられた皮質領域で徐波が減少する。[4]最後に、同じ研究グループが経頭蓋磁気刺激法（TMS）と呼ばれる刺激技術を用い、新皮質の特定の場所のシナプスを人為的に増強させてみた（この方法では、電磁石が――頭皮／頭蓋骨などの外から――ターゲットとする脳の領域に磁気パルスを伝え、その領域でランダムな細胞発火を引き起こす）[5]。その結果、この領域のシナプスで予期された増強が生じただけでなく、夜の早い時間にこの領域で徐波の数が増加した――これもまた、局所的な増強は、その増強が減って通常のレベルに戻るまで、局所的な徐波の発生を促すという考えを支持した。

これらの実験で見られる一定範囲にターゲットを定めた徐波からは、一般的に、夜間の睡眠を通してパフォーマンスが向上する範囲を予測できる。この事実は、ダウンスケーリングが記憶の固定を促すという考え方にとっては非常に重要なものだ。この過程を通して、対象となる記憶がただ単に消されてしまうだけではないことをはっきり示しているからだ。それどころか、どうやら磨きをかけられたり強化されたりしており、これもまた、ラジオをチューニングして信号を明確にするという例を思い出させる。

目覚めていても、脳の一部は居眠りしている

私たちはふだん、睡眠は脳の全体にわたる現象だと考えているが、シナプスが最も強く増強された脳領域で局所的に徐波活動が増えるならば、この考え方は単純すぎるようだ。実際、はっきり目が覚めているときでさえ、脳のなかの小さい領域が徐波睡眠の特性を示す場合のあることがわかっている。覚醒状態では、ニューロンは不規則に発火する。ＥＥＧ（脳波検査――脳波計を

用いて脳の反応が時間の経過とともに変化する様子を測定する）で、素早く変化する不規則な振動が記録されるのはそのせいだ（第1章を参照）。だが徐波睡眠に入ると、このパターンはまったく違ってくる。ニューロンは不規則に（だが持続的に）発火するのではなく、発火しない「オフ」の期間と発火する「オン」の期間ができ、この組み合わせが徐波を生む。ラットを用いたごく最近の神経測定記録では、ラットが疲れているとき（たとえば長い時間目を覚ましていたあとなど）には、たとえそのラットがはっきり覚醒していて活発でも、新皮質で局所的にこのオン／オフのパターンが生じる場合のあることがわかっている。まるで脳全体が眠りに落ちるのを待たずに、皮質の小さい領域が仕事中にちゃっかり居眠りをしているようだ。このような印象は、脳の一部がこうして居眠りをしているとき、ラットがさまざまな仕事（この場合は小さい砂糖の錠剤に手をのばして集める作業）をうまくできなくなるという事実によって、さらに強調される。[6]

まとめ

この章を読んで、地下の貯蔵室や屋根裏収納と同じように、脳も定期的に大掃除が必要だと納得できたはずだ。ハエでも人間でも、この大掃除に似たシナプスのダウンスケーリング（シナプス恒常性）こそが、徐波睡眠の機能のひとつであることを強く示唆する証拠が見つかっている。こうした掃除によって重要な記憶の信号対雑音比が向上し、不要なゴミの背景から記憶が際立ってくるという考え方は、睡眠がその後の記憶の促進にどのような役割を果たすかについての最初の仮説をもたらす。このあとのふたつの章では、睡眠中に記憶がどのように再生されるか、その再生が夢のイメージにどのように関係するかを見ていく。第6章の最後ではシナプス恒常性の考え方と「記憶チューニング」の仮説をふたたび取り上げ、睡眠と記憶にかかわるそのほかの理論に調和するか（しないか）をもう一度考え直すことにする。

第6章 記憶はどう再生され、固まっていくか

まもなく参加することになっているパーティーには初対面の人たちがたくさん出席し、その全員の名前を覚える必要があるかもしれないとしたら、どうやって記憶すればよいのだろうか？　最高の戦略は何だろう？　よくあるひとつの方法は、紹介された名前を何度も繰り返し口に出して唱えるもので、パーティー中の人々との会話でできるだけ頻繁に名前をはっきり口にする。このような「リハーサル」は記憶を強化するように思え、その考えは正しい。顔と名前を結びつける機会が多ければ多いほど、そのつながりはしっかりする。ただ問題は、リハーサルには注意力と認知資源が必要になる点だ。人と会話を続けたり、仕事をしたり、魅力的な人をほめたりしながら、名前を何度も口にしてリハーサルするのは難しい。私たちはたいていの場合こうしたことに（そのほかのことにも）忙しくしているから、学習する新しい情報をすべて積極的にリハーサルする時間の余裕はないだろう。

それなら、睡眠中にすべてをリハーサルできたらどうだろう？　眠りの貴重な時間は、脳が忙

しく仕事をこなさずにすむ、あるいは少なくとも何か具体的なことを考えずにすむ機会だ。そのため睡眠はリハーサルにうってつけの時間になり、私たちはその時間を有効に利用していることがわかる。夢遊病患者の最近の研究が、このことを示している。眠っているあいだにほかの人よりずっと自由に動きまわる夢遊病患者は、眠る直前にしたことを再現することが多く、これは新たに獲得した情報をオフラインで再生している直接的な証拠になっているからだ。[1] もちろん、このように体を使って再現するのは軽度な睡眠障害のためであり、健康な人が眠っているときには、このような方法で記憶を再現することはない（毎日身のまわりで起きることを、その後の睡眠中にすべて体で表現しなければならないとしたら、どれほどエネルギーの無駄かを想像してほしい）。その代わりに睡眠中の記憶のリハーサルは、通常、完全に神経のレベルで行なわれる。そのため、研究にはより繊細なアプローチが必要で、検知するには脳の活動を調べなければならない。このような方法を理解しようとするなら、脳の構造と機能について、もう少し詳しく知っておく必要がある。そこで、神経の構造について、また脳の活動を測定する方法について、ここで特訓講座を開くことにしよう。

人間の脳を理解するために

第3章で見たように、脳はピンクがかった灰色のゼリーで、さまざまな方向から切込みをいれてみると異なる種類の材質が含まれていることがわかる――灰白質や白質があり、さらに領域ごとに細胞構造がはっきり異なっている。実際には、脳は数百もの異なる構造に分かれ、それぞれが独自の機能を果たすとともに、それぞれ独自の細胞構造と接続性を備えている。

脳について考える簡単な方法のひとつは、進化的な意味を考察するものだ。脳はニューロンが高度に組織化された球形の塊で、数千年にわたる進化を経て、中心の支えから成長してきた。脳で最初に進化したのは支えに最も近い部分で、その反対に最も新しい部分、哺乳動物や人間だけがもつ部分は、支えから最も離れた球の外側に位置している。大ざっぱに言うと、最も古い部分が最も基本的な作用、たとえば心拍数や体温の調整などを制御していて、生き残りには絶対欠かせないのに対し、最も新しい部分は意識的な思考など、生存のための重要性がそれより低い機能を果たしている（あってもなくてもよいとは思えないかもしれないが、多くの動物はなしで生きている――昆虫や甲殻類を思い浮かべてみればわかる）。

脳の支えはもちろん脊髄で、その一番上の部分が広がって脳幹を形成している（次ページの図13）。脳幹は、恒常性、呼吸、嚥下（ものを飲み込むこと）、膀胱機能、平衡、眼球運動、顔の表情、姿勢、睡眠の状況など、数多くの基本的な体の機能を制御する。脳幹のすぐ上には中脳があり、これはさまざまな代謝過程や、体温、空腹感、渇き、疲れ、二四時間周期の（概日）リズム、そして（ここも）睡眠の状況の制御に重要な役割を果たす。中脳の上にあるのは、ふたつの脳半球だ。脳半球は左右対称だが、互いにほとんど独立していて、脳梁と呼ばれる線維の太い束

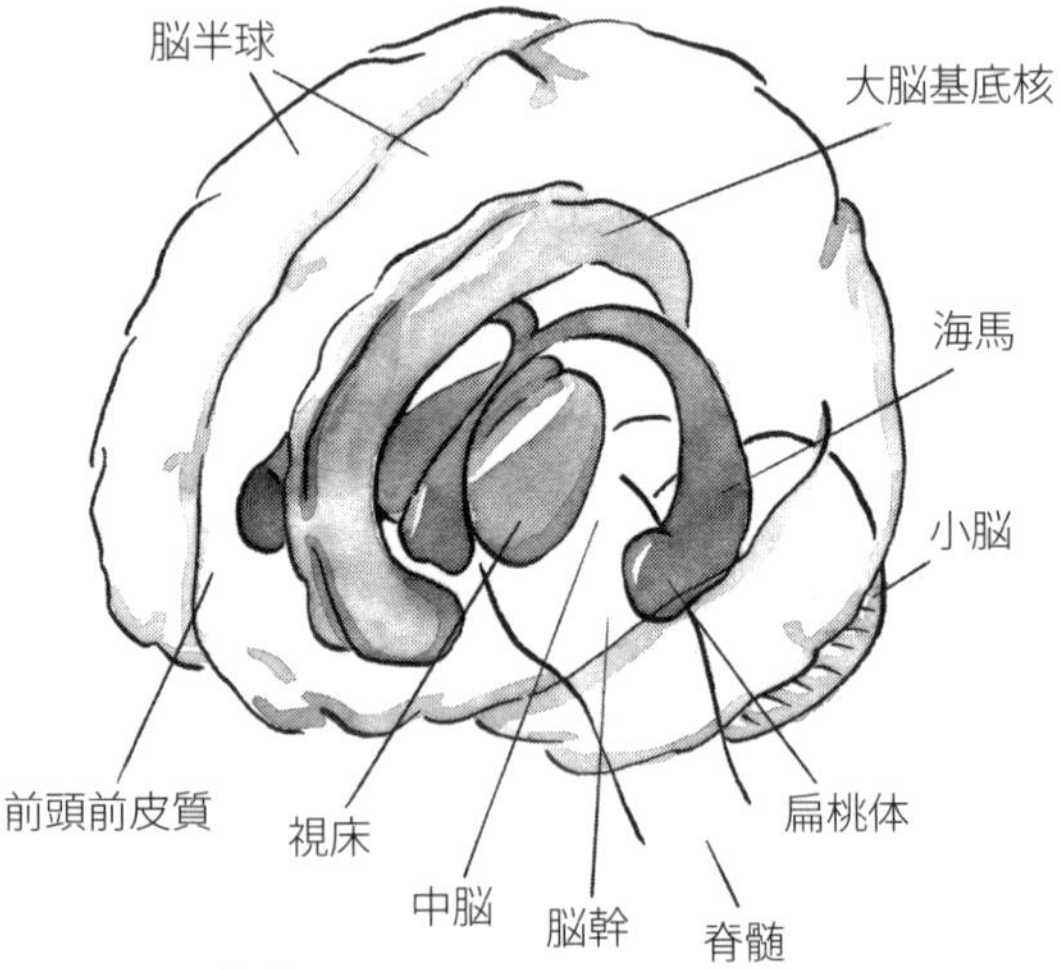

図 13　脳の大まかな構造。

でのみつながっている。

この脳半球それぞれの内部に（中脳のすぐ上に）、視床がある。視床は球に近い形で、思考、行動、感覚に関与する脳領域のほとんどから入力を受け取るとともに、これらの領域に信号を伝える。視床はいたるところに接続しているので、脳の「中継局」とみなされることが多い。電話交換手のような働きをし、直接つながっていない異なる領域どうしが、ここを通して連絡を取り合える。球状の視床それぞれの外側に、曲がった形の大脳基底核と呼ばれる一組の神経核がある。これらは運動制御およびいくつかの技能の学習に深くかかわっている。大脳基底核から横方向に突き出しているのは海馬だ。哺乳動物で大きく発達しているが、すべての脊椎動物に、ある程度は存在している。海馬はさまざまな種類の記憶に欠かせないもので、とくにナビゲーションに関与している。最後に、大脳基底核から前方の下方向に嗅球が突き出しており、これは鼻から入力を直接受け取って、脳のほかの部分に送る役割を果たす。

ここまでにあげた脳の構造はいずれも進化のうえでは「古い」脳で、すべての脊椎動物に共通している。これらの領域は、数千年を経てその大きさ、形、重要性に変化があったにせよ、背骨をもつすべての生き物に何らかの形で存在する。哺乳動物は通常、体の大きさに対してほかの脊椎動物よりも大きい脳をもっている。どの哺乳動物の脳も、体の大きさが同じ鳥の脳のおよそ二倍、爬虫類の脳のおよそ一〇倍にのぼる。このように大きさが異なるおもな理由は、前脳と呼ばれる脳の前側の部分が劇的に大きくなって、その構造も変化したことにある。哺乳動物の前脳は、ほかの脊椎動物にはない大脳新皮質という複雑な六層の構造をもつのが特徴だ。

人間の場合、大脳新皮質は表面積を大きくするために複雑に折りたたまれている。前脳の一部とはいえ、新皮質は私たちの球形の塊の外側全体を覆っていて、前側、うしろ側、そして頭蓋骨のなかに空間があれば下側にも伸びている。脳のこの部分は、文字通り、残された場所を隅から隅まで埋め尽くしているのだ。新皮質には、実行調節、注目、推論する能力などの高度な思考が宿る。意識の鍵もここに隠されているように見えるが、まだ立証されていない。新皮質の縁に沿って、この巨大な器官が拡大して脳の残された部分を圧倒してしまうより前からあったいくつかの構造体が並び、それらもまた発達して新しい形になっている——海馬や扁桃体だ。

私たちの目的を考えると、ここでは大脳新皮質についてもっと詳しく理解しておくことが大切

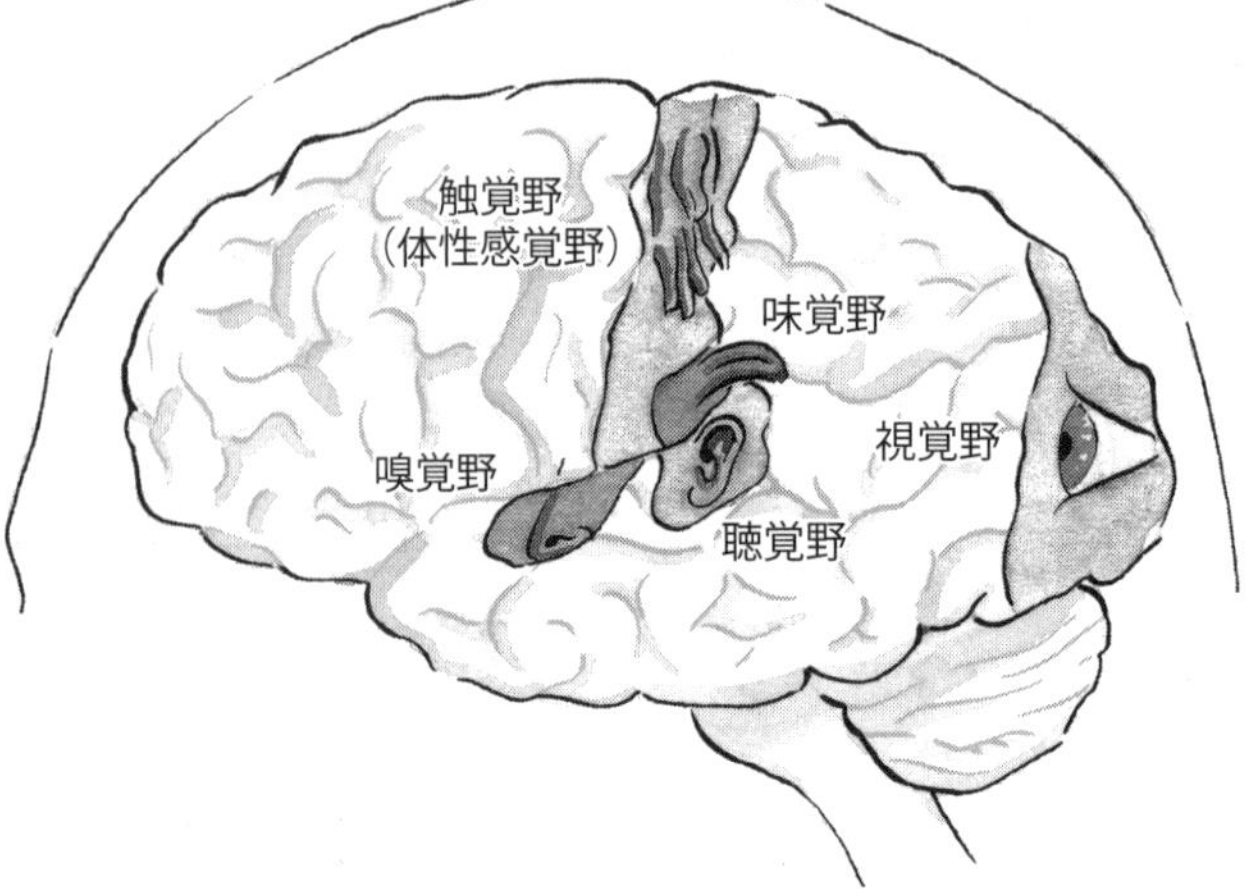

図 14　脳の感覚野。

になる。まず、触覚、視覚、聴覚、嗅覚、味覚に対応するおもな領域がある。これらはそれぞれ脳のなかの異なる場所を占めている。視覚野は脳の後方下部、聴覚野は両側の中央部、触覚野は一番上の中央からスタートして両側に伸びる（図14）。これらの領域はそれぞれ特定の入力だけに反応するので、動物に光を見せると視覚野が活動し、音楽を聞かせると聴覚野が活動し、動物をなでてやると（またはつつくと）触覚野（体性感覚野とも呼ばれる）が活動するのがわかる。体性感覚野のすぐ前の部分は、運動制御だけを専門とする領域だ。この部分のニューロンはたったひとつのシナプスを用いて体の筋肉に直接つながっているため、私たちの運動をすぐに制御できる。運動野と体性感覚野はどちらも体の地図として配置されていて、それぞれホ

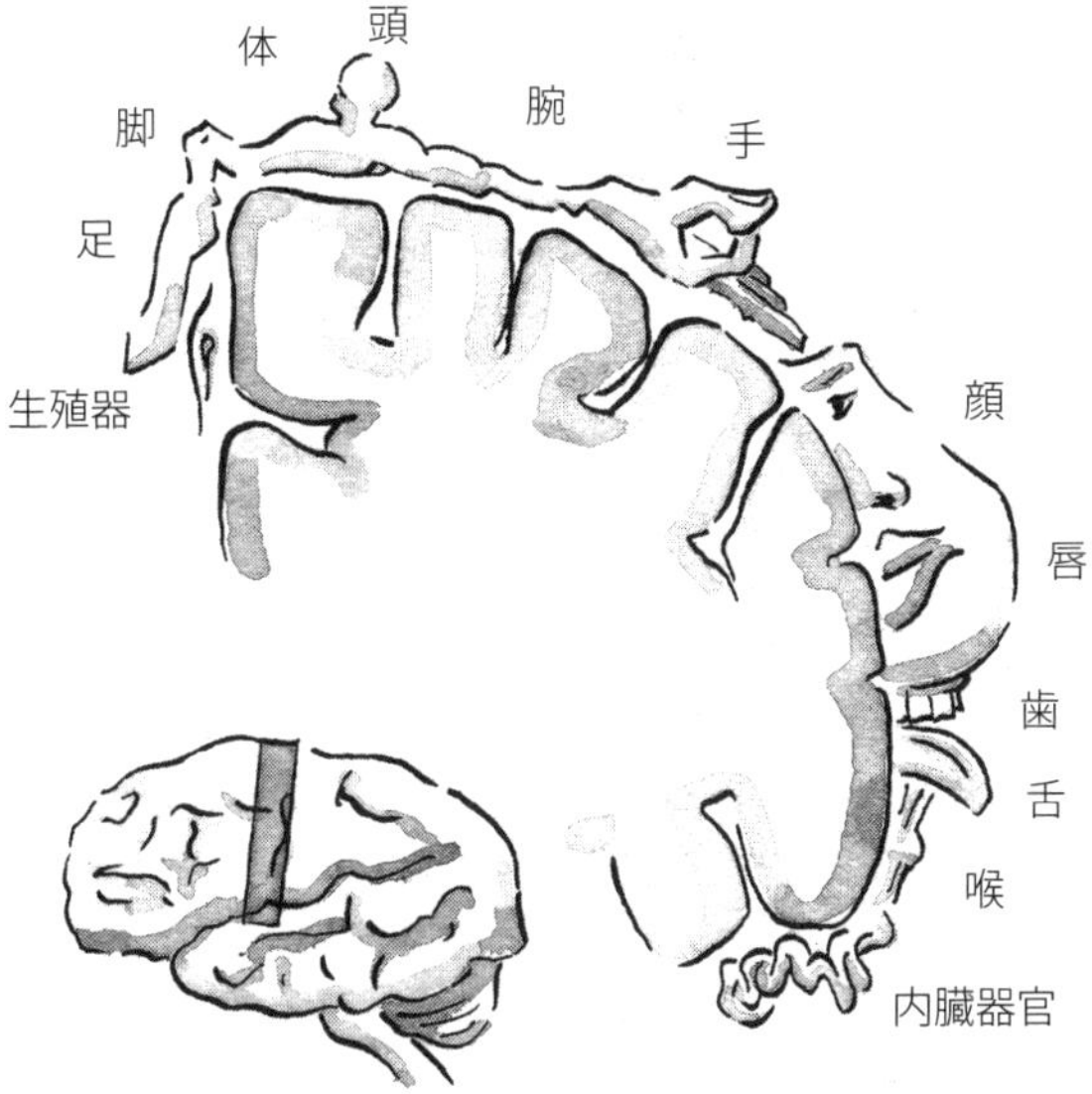

図15　感覚ホムンクルス（上）は、大脳新皮質を横断する位置（下のグレーの長方形）にある。

ムンクルス（小人の意）と呼ばれている。これらの領域に対応する体の地図を描いてみると小人のように見えるから、この名前はピッタリだ（図15）。

体性感覚野と運動野の前には、脳の前側全体に広がる、やや大きい領域がある。ここは前頭前皮質と呼ばれ、高度な思考過程や、作業記憶、推論、意思決定、自制などの処理を行なうと考えられている。体性感覚野のうしろから視覚野の上端まで伸びているのは頭頂葉だ。この領域は注意力に関連しているだけでなく、ほかの皮質領域どうしの関連づけ、数学の計算や空間認識などの作業にも重要な役割を果たす。たとえば、私たちが視覚情報と触覚情報を組み合わせる必要があるときは、ほとんどいつも頭頂葉に頼っている。

これまでに説明してきたことが、記憶とどんなふうに関係するのだろうか？　答えは簡単で、ある状況を思い出すときには、その状況を実際に経験したときに感覚入力（味、感触、においなど）によって活性化した脳の部分が、もう一度すっかり活性化される。つまり、友だちと話をするなどの聴覚と視覚の両方を含んだ記憶は、基本的にその会話を最初にしたときに聴覚野と視覚野で起きたものと同じ神経反応を引き起こす。脳はその記憶を、文字通り追体験していることになる。このことは記憶の固定という概念にとって非常に重要であると同時に、これから説明する睡眠中の記憶の再生という考え方にとっても重要だ。だが、その話題に移る前にまず、私たち科学者が脳の反応を調べるときに使う技術をいくつか説明しておきたいと思う。

脳活動を測る

脳の一部が活性化しているとは、どんな意味だろうか？　単純に言うなら、その領域のニューロンで通常よりも多くの活動電位が発生しているということだ。ただし、脳のどの領域を見ても活動電位は多かれ少なかれ常に存在するから、その領域が活性化したというのは相対的なものになる。実際には、活動電位の頻度または密度が増加したことを意味する。

では、これらの活動電位はどうすればわかるのだろうか？　さまざまな方法がある。最もきめ細かく測定できるのは、電気信号を容易に感知できる細くて敏感な金属製の針に似た電極を、脳に（場合によっては細胞に直接）刺して電位の変化を調べる方法だ。この種の敏感な電極を用いて記録すれば、たしかに特定の領域にある細胞がどのように活性化するかを電気的反応の観点から詳しく理解できるが、数百個、数千個の細胞の全体としての活動を調べたい場合には、あまり役に立たない。小さい探針の先端から遠い部分は測定できないからだ。さらに大切な点は、調べたい脳のすべてに電極を刺そうとするのは現実的とは言えないことだろう。もしあなたの頭蓋骨に穴をあけ、そこに金属のカニューレ（医療用の管）をねじ込み、針の先で何時間も脳を探りまわりたいという熱心な神経科学者がいたら、そう簡単には同意できないと思う――実験のあいだに回復不能な損傷を受ける。このように気乗りのしない感情を抱く人はたくさんいて、数多くの神経科学実験の被験者になっている大学生たちも同じだ。

これらの針のような頭蓋内（または細胞内）電極の代わりに、神経科学者はワイヤーのつながったコインのような平らな電極を用い、それを頭皮に貼って使うこともできる。これらの電極は、先のとがった頭蓋内電極と同じような方法で電場の変化を感知するが、完全に非侵襲性で、測定が終わったらすぐ取り外すことができ、伝導性のベトベトした糊の跡が残るだけですむ――被験者は髪を洗わなければならないことが多いが、あとまで続く損傷はない。頭皮に電極をつけて脳内の変動する電場を測定する方法は、脳波検査（ＥＥＧ）と呼ばれている。ＥＥＧは、脳の素早く変化する活動をリアルタイムで把握できる素晴らしい方法で、とくに第1章で見たような睡眠の測定に便利だ。ただしＥＥＧの不都合な点は、空間的な精度がまったく欠けていることにある。頭皮上では、脳のほとんどすべての場所から伝わってきた電位が測定される。精度を高めようと、ときには二五六個以上の電極を用い、あいだを詰めて頭一面にびっしり貼ることもあるが、このように密度の高い検査でもまだ電気的活動がどこで起きているかを把握するのは難しい。

　神経反応の位置をよりよく理解するためには異なる技術を使用しなければならず、その最も一般的なもののひとつに機能的磁気共鳴画像法（ｆＭＲＩ）がある。ｆＭＲＩは酸素を豊富に含んだ血液の電気的特性を利用して、通常は強い神経活動に伴って起きる血流の変化を測定する。ＥＥＧと同様、ｆＭＲＩも完全に非侵襲性だ。だがｆＭＲＩはＥＥＧとは違って空間的な精度が非常に高く、数ミリメートル単位で血流の変化が起きている場所を示すことができる。ただしｆＭＲＩの大きな問題は、動きが遅い点にある。脳のある領域で最初に活動が起きてから血流が増加するまでに三秒から一二秒かかるため、空間分解能にはすぐれていても、時間分解能はひどく低くなってしまう。さらにｆＭＲＩには、比較的大きい活動の変化しかとらえられないという潜在的な問題点もある。酸素を含んだ血液の流入が起きるのは、活動に比較的大きい変化があったときだけだからだ。神経科学者が脳の奥深くに刺したいと考える先のとがった針は、一個か二個の細胞で起きている活動を電極の先端で感知するのに対し、ｆＭＲＩは数千ものニューロンの集団的な活性化の様子を伝える。

　記憶が私たちの脳にどのようにとどまるのか、またどう変化するのかを理解するために、これらの技術をすべて利用することができる。現時点では、ここで説明した通り、一度に数個の細胞だけを測定できる（ただし脳に回復不能な損傷を与える）技術がひとつ、脳がいつ反応するかを知らせてくれるが、どこで反応しているかは知らせてくれない技術がひとつ、そして神経活動がどこで起きているかを知らせてくれるが、いつ起きているかは知らせてくれない技術がひとつある。大いに期待できる武器だと思えるだろうか？　実のところ、それほど前途有望とは言えない。神経科学者たちは、これらのツールを異なる組み合わせで利用して（さらにここでは説明しなかったいくつかの技術も加えて）、これまでに設計された最も複雑なこのコンピューターを解析して仕組みを明らかにする研究に取り組んでいる。簡単なことではないが、成功した場合の収穫の大きさ、あるいは興味をそそるこの問題の性質に後押しされて、研究に邁進する日々だ。

記憶の再生と逆再生

大脳新皮質に、視覚、聴覚、触覚などに個別に反応する領域があることは説明した。そこで、これらの領域のいずれかの組み合わせがほとんどいつも活動していて、活動の正確なパターンはその時点で実際に何を経験しているかによって決まることは容易に連想できる。たとえば海辺を走っているとき、足の裏に砂の感触があり、強い日差しが肌を刺し、耳には波の音が心地よく響き、青空が見え、潮の香りが鼻をつくなら、該当する脳の領域すべて（触覚、聴覚、視覚、嗅覚など）が活性化して、それらの感覚を経験できるようにしている。この活動に、これらをまとめるために使われる脳のいくつかの領域の反応が加わって、その瞬間ごとの経験ができあがる。ここでもう少し連想を働かせ、このような知覚活動のパターンは、リアルタイムでの経験の基礎になっているだけではないことに気づく必要がある。それは記憶の基礎にもなる。

ある有名な理論によれば、新皮質のそれぞれの感覚野にコード化された経験がひとつのエピソードを形成するまとまった描写になるためには、互いに結びつく必要があり、そのような結合を最初に実行するのは海馬だ。感覚入力がない状態で（たとえば電気を消して静寂に包まれてベッドに横たわっているときに）このエピソードを思い出すと、実際の経験を追体験するために必要なすべての感覚野の活動が、海馬によって引き起こされる。海馬はこれら個別の感覚のあいだのつながりを「記憶」し、それらを結びつけている。記憶が呼び戻されると、実際に刺激に出会ったときとほとんど同じように、それらの感覚野の活動がもう一度繰り返される。脳は、ビデオや音楽を再生するように記憶を再生している（図16）。

音楽にたとえるのは実際にとても便利で、とくに大脳皮質をピアノの鍵盤とみなし、それぞれの白鍵や黒鍵が異なる感覚入力を表すと考えるとわかりやすい。鍵盤はいつでも弾ける状態でそこにあるが、一鍵一鍵が押されたときだけ顕著な効果を上げ、同時に押される白鍵や黒鍵は数個だけだ。海辺を走っている記憶を美しい曲にたとえるなら、記憶に対する一般的な見方では、この曲の楽譜がまず海馬に保存されることになる。そして記憶が追体験されるときには、海馬から

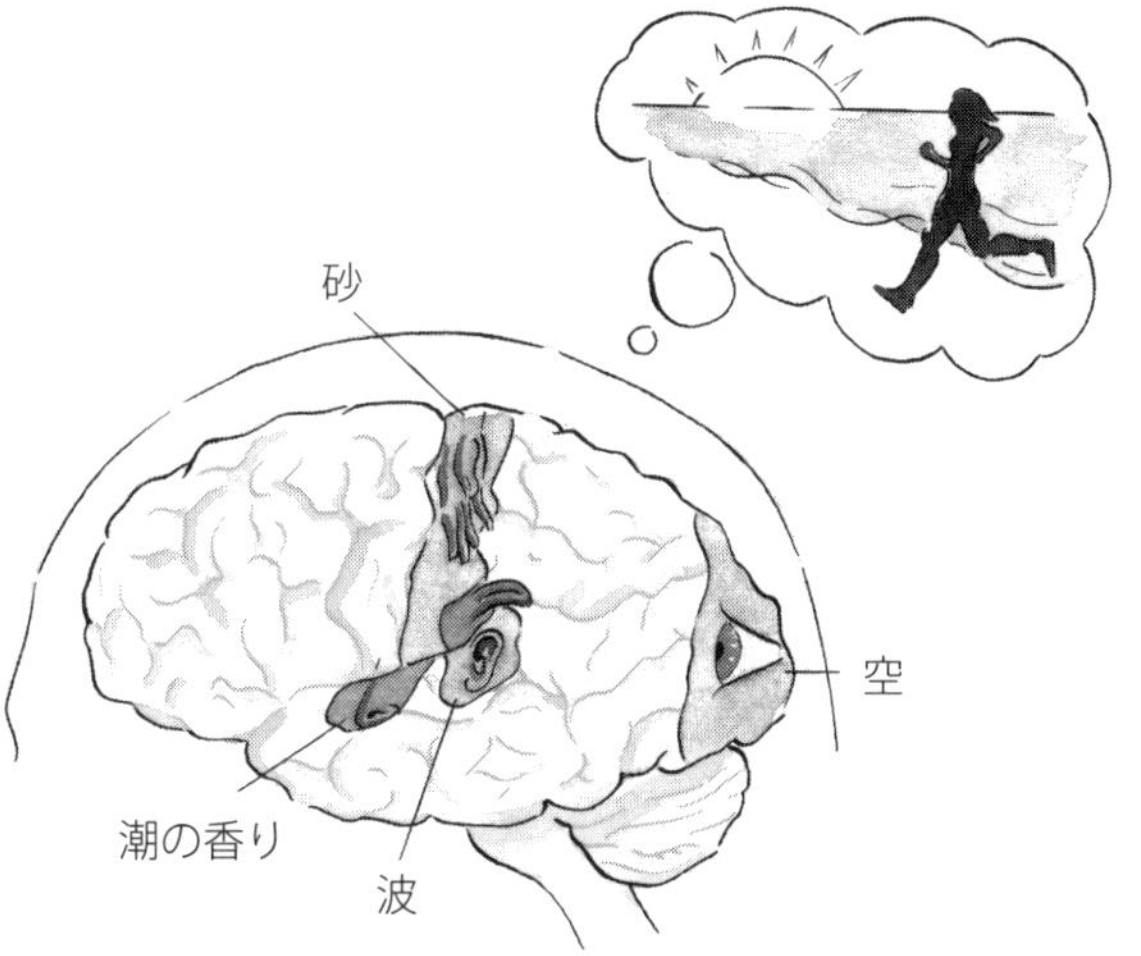

図 16　感覚野での記憶の再生。

関連するピアノの鍵盤（新皮質の領域）に、その曲を再生するために必要な正しい順序と正しいタイミングで白鍵や黒鍵を押すよう促す信号が送られる。たとえば海辺を走る経験の異なる要素（足の裏の砂の感覚、海の色、潮の香りなど）は、それぞれ異なる皮質領域に保存されている。これらの要素すべてを再現して記憶をもう一度経験できるようにする役割は海馬が果たしていて、新皮質はただ要求に応じていろいろな高さの音を出しているにすぎない。

この章の冒頭で、脳は睡眠中に記憶を再生すると書いた。これは、私たちが居眠りをしているあいだに、海馬と新皮質が実際にコンサートを開いているという意味だろうか？　答えはイエスだ。さらに、そのような再生の一部が夢になって現れる一方、多くは潜在意識下にあるという強力な証拠がある。つまり、私たちは居眠りしているあいだに自分の脳内で再生されている交響曲に気づきさえしていないのかもしれない。

神経描写の集まりがひとつのグループとしてまとめて使われる回数が多ければ多いほど、互いの結びつきは強くなる（第3章で紹介した「ともに発火するニューロンはともにつながる」を思い出してほしい）。ということは、自分では気づいていなくても、神経活動の特定のパターンを繰り返しリハーサルすると、異なる脳領域のあいだの結びつきに影響が及ぶ。このように、睡眠中の記憶の再生は、睡眠がどのように記憶の固定を促すかの謎を解くひとつの鍵となっている。

睡眠中に記憶が再生されるという最も説得力のある証拠は、「場所細胞」と呼ばれる非常に特殊な細胞の集まりで見つかる。この細胞は動物（人間やラットなど）が特定の場所にいるとき、そしてその場所にいるときにだけに反応する。部屋のなかを歩き回ったり、ほかの広いスペースを移動したりすると、異なる場所細胞が発火することになる。ただし前と同じ場所に戻ってくるごとに、前にそこにいたとき発火した細胞がもう一度発火する。だから、これらの細胞は特定の場所と関連づけられ、一度関連づけができると、それが変わることはない。ではこれがなぜ、記憶の再生を研究するのに便利なのだろうか？

その理由を説明しよう。空間内のある経路に沿って移動すると、いつも決まった一連の場所細胞が同じ順序で発火する。スタート地点では細胞1、次の場所では細胞2、次は細胞3と進んで、目的地に着くまでこれが続く（目的地を細胞4としておく）。次にまたその経路に沿って移

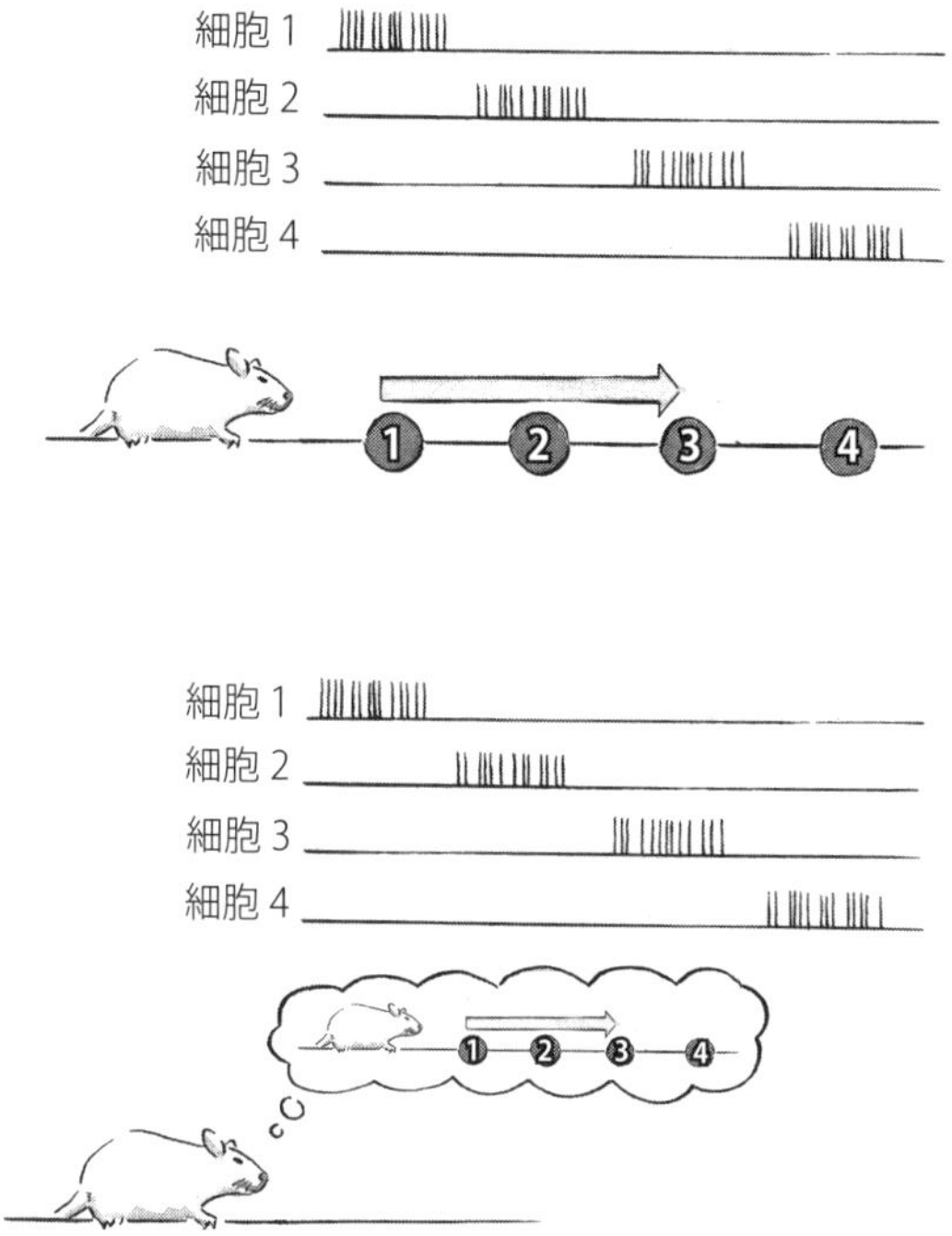

図 17　移動中に発火する場所細胞（上）、場所細胞での記憶の再生（下）。

動すると、また同じ細胞が同じ順序で発火する――次のときも、その次のときも同じだ（図17の上）。その経路に沿った移動は、非常に型通りで簡単に識別できる一連の場所細胞の発火と関連づけられている。迷路を走ることを学習しているラットが、あとで眠っているあいだにその経験を再生すると、何が起きるだろうか？　迷路で正しい経路を通るときに発火するのとまったく同じ一連の細胞が、この情報のリハーサルでも、同じ順序でもう一度発火するのだ（図17の下）。このように連続して起きる発火はとてもはっきりしているので、睡眠中の神経での再生を調べる際の完璧なツールになる。実際には海馬に電極を埋め込んだ研究によって、迷路や進路を走るようよく訓練されたラットは、目が覚めているけれども休んでいるあいだと眠っているあいだの両方に、その環境を走るとき発火する一連の細胞を自然発生的に再生することがわかっている。目覚めているときなら、その再生は大きく加速する（最大で、実際に迷路を走り抜ける動作の二一倍もの速さになる）。

　はっきり目が覚めているあいだの再生には、ほかにも興味深い特徴がある——たとえば、たびたび逆方向に再生され、なかでもラットがエサの入った皿の前にすわりながらこうしたリハーサルをするときには逆方向が多い。このとりわけ魅力的な（褒美が手に入る）場所にたどり着いた経路を、復習しているように見えることさえある。ラットはまた、実際にはまだ一度も通ったことのない、新しい経路を組み立てることがわかっている。それまでに別々の経験で通ったいくつもの異なる通路をつなぎ、たいていはもっと直接的にたどり着ける新しい軌跡を描く方法だ。[2] そのときのラットは、経験したことのある環境に思いをはせ、そのときの方法では迷路を通り抜けられなかったとしても、最適な経路の計画を練っているかのように見える。

　睡眠中の経路の再生は、おもに深い徐波睡眠の段階に起き、目覚めているあいだの経路の再生とは少しだけ特性が異なっている。実際の体験よりスピードは高まるが、現実のおよそ七倍の速さでしかない。通常は（逆方向ではなく）前方向に軌跡を再生し、（これまでわかっている限りでは）睡眠中の再生で新しい経路が組み立てられることはない。興味をそそるのは、このときに再生の回数が多いほど、眠っているあいだに迷路の課題を解く力が向上すると予想できる点で、このような再生が神経可塑性と睡眠中の記憶の固定に関連しているという考え方を強く支持する。ちょうど再生が起きそうなときに海馬の領域に少量の電流を流して、再生を混乱させてしまうと、記憶の固定が妨げられる。ふだんは夜間に起きる記憶の向上が見られないからだ。このことも、この一連の事象が記憶の固定にとって重要であることをさらに裏づける。[3]

場所細胞が再生を簡単に確認できるすぐれたマーカーになるとはいうものの、このパターンを示す細胞はこれだけではない。視覚野と体性感覚野への記録も、大脳基底核などのほかの領域にある記録とともに、すべて覚醒中に経験する感覚入力の再生と一致する。ただし、これらの反応は海馬による再生によって引き起こされるようだ（ピアノ協奏曲のような方法で）。レム睡眠中の再生を確認した報告はひとつだけだが、それによればはるかに広範囲にわたる完全な協奏曲が長く続くうえ、数多くの経験要素を含んでいる。たとえば、覚醒のレベルや感覚入力に関連する領域での活動を引き起こす。そうしたレム睡眠中の広範囲にわたる再生は、実際には夢を電極でとらえたものだろうか？　そうであることを示唆してはいるが、ほんとうのことはわからない――その実験に加わったラットたちはとうの昔に死んでしまったし、いずれにせよそのなかに夢の話が好きなラットもいなかった。

私たち人間も眠っているあいだに記憶を再生するが、ラットほど研究が進んでいない。すでに説明した通り、人間の脳に電極をたくさん突き刺したくはないからだ。fMRIを用いた研究によれば、人がビデオゲームで迷路を解いているときに活動する海馬の部分が、その夜の徐波睡眠でも活動する。この活動の程度によって、迷路を解く力が翌日にどれだけ向上しているかを予想できる。さらにおもしろいことに、固定させたいと思う記憶につながるヒントを睡眠中に示してやれば、その記憶の再生を引き起こすことができる証拠が、わずかながら見つかっているのだ。この研究にはにおいと音が使われた。睡眠中に経験したにおいと音に結びついている記憶のほうが、目覚めてからよく覚えているので、においと音のどちらも記憶の固定を促すらしい。

徐波睡眠の大きな役割

初対面の人の名前をたくさん覚えなければならない大変なパーティーに話を戻すと、新しい名前をパーティーのあいだに何度もリハーサルするだけでなく、その夜の睡眠中にもリハーサルすることになるようだ。このようなリハーサルでは、名前と顔の組み合わせの学習に関係のある脳の領域が再活性化する――つまり（言葉に関与する）側頭葉と（顔に関与する）視覚野が同時に活発になる。これらの両方の領域のニューロンを繰り返し活性化させることによって、それらがさらに固く結びつく。名前の領域と顔の領域は、はじめは海馬によって結びついているかもしれないが、十分な回数の活性化を繰り返すうちに、最終的には一方が活動するともう一方も活動するようになる。パーティーのあと、新しく覚えた人に何度か会うことがあれば（またはその人のことを何度も考えるだけで）、顔を見ればすぐ名前が思い浮かぶ――その逆に名前を聞くと顔が思い浮かぶ――ようになるだろう。脳内のこうした再活性化を自ら測定したいと思う人はいないかもしれないが、記憶固定の過程を研究したい神経科学者は、皮質に電極の針を刺す侵襲的な方法で、またはｆＭＲＩかＥＥＧを使ってもっとおだやかな方法で測定し、そこで何が起きているかを調べることができる。

睡眠がこの種の記憶固定によいのは、単に眠っているあいだは脳がほかのことに忙しくないからだろうか？　一部の科学者は、睡眠にそれほど特別なことはなく、ただ新しい情報が入ってこないから、既存の記憶を簡単に処理できるだけだと考えている。ただし異なる考え方の科学者もいて、記憶は睡眠によって、覚醒時には不可能なやりかたで活発に処理されるとみなしている。これらの考え方に記憶の再生は必要不可欠だが、もちろん記憶の再生は目が覚めているあいだにも起きる（たとえば、パーティーで出会った全員の顔と名前を、意識的に思い出して復習することもある）。では、目が覚めていてはできない何を、睡眠は加えるのだろうか？

活動的システム固定化モデルは、振幅の大きいゆっくりした徐波睡眠の振動が、記憶再生のために重要な機能を果たしていることを示唆している。[4]第１章で、この振幅の大きいゆっくりした波を、私たちの脳という湖の底に潜むネッシーの巨大でリズミカルな動きにたとえたのを覚えているだろうか。頭皮に貼った平らな電極で検出したときに、このような大規模な反応が得られる

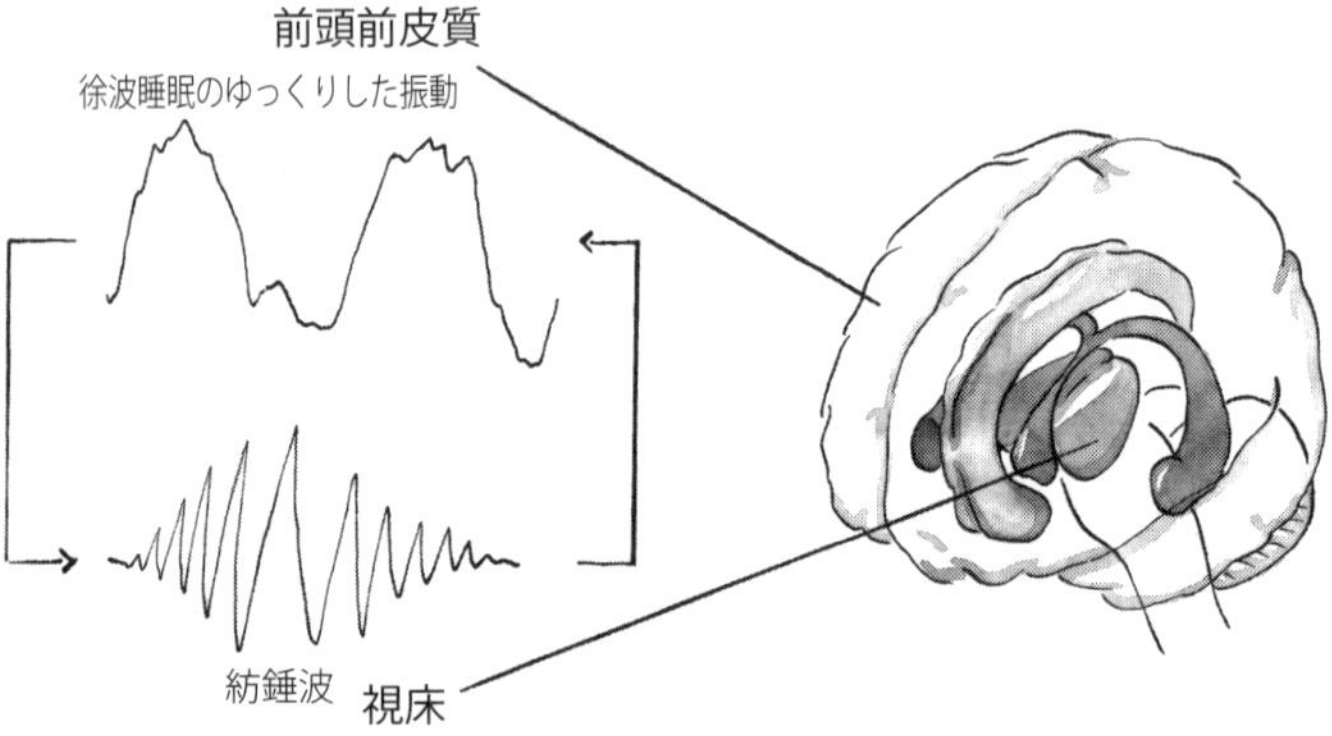

図 18　活動的システム固定化モデル。徐波睡眠（SWS）のゆっくりした振動が、脳内の異なる構造体のあいだで神経活動を同期化することによって記憶の再生を促す。同期化される活動のうち、とくに重要なのは睡眠紡錘波だ。この紡錘波は視床で生成されるが、大脳皮質全体に伝わり、神経による記憶再生のマーカー、可塑性の重要な前兆と考えることができる。

のは、数多くのニューロンが一斉に活動している確かな証拠だ。また電気信号の振幅が大きいということは、たくさんの脳細胞が活動電位を発する電気的状態に急激に移行し（細胞の内側と外側の電荷の差が小さくなり）、その後、その状態から離れる（細胞の内側と外側の電荷の差が大きくなって、細胞が発火しにくくなる）ことを意味する。第3章で説明したように、このような変化は電荷をもつ粒子が細胞の中と外で移動することによって起きる、ここで重要なのは、この大きくてゆるやかな波（徐波）は、脳内の細胞が発火できる瞬間に影響するという点だ。徐波は、細胞をまず発火できる状態に向かうよう変化させ、次にその状態から離れるよう変化させることによって、それらの細胞が発火するときにはすべてがほぼ同時に発火するよう仕向けている。記憶にかかわる領域の皮質細胞は、明らかに、記憶が再生されるとき発火する必要がある（それについては、この章ですでに説明してきた）。記憶に対する徐波の役割は、発火のタイミングをコントロールすることだ。具体的に言うと、徐波は再生を調整して、脳内のどこで起きてもほぼ同時に再生されるようにしている。これはとくに、解剖学的に遠く離れた構造（たとえば顔と声のつながりを記憶するために使うと思われる海馬と新皮質の処理領域など）が加わる再生では重要なことだと考えられる。徐波はこれらの領域全体に伝わり、基本的な「止まれ」と「進め」の信号を出して、再生のすべてを同時に引き起こす。ここでまた、「ともに発火するニューロンはともにつながる」の言葉を思い出してほしい。この活動が最終的に、特定の顔を表すのにかかわっているニューロンと特定の声を表すのにかかわっているニューロンのあいだのシナプス結合を強めることで記憶の描写を強固にするのだと考えれば、再生の時間的な同期が不可欠な理由は、この言葉から簡単にわかる。再生の時間を一致させれば、ひとつの構造体から別の構造体へ（たとえば海馬から新皮質へ）情報が効率的に伝わるうえ、新皮質内の細胞において、ニューロン間のつながり（たとえば、Mさんの顔と声のつながり）の強化と記憶描写（Mさんが電話をかけてきたときに、それが誰だかわかること）の強化に、再生が最大の効果を上げられる状態にすることができるだろう。

洞察力の鋭い読者のみなさんは、もう矛盾に気づいているかもしれない。私は第5章でシナプス恒常性について説明した。徐波睡眠中には全般的にシナプスのダウンスケーリング（シナプスをだんだんに弱める作用）が起きるという考え方だ。[5] また、このダウンスケーリングは背景の雑音を取り除くことによって記憶を強化し、信号で最も強い（おそらく最も重要な）部分が残り、弱くて価値のない信号は失われると考えられることも説明した。そして、この過程は雑音の多いラジオの音量を下げるのに似ているという例をあげた。徐波睡眠中に、記憶の再生の結果としてシナプスが強化されるという考え方は、このシナプスのダウンスケーリングの原則と矛盾する。この点は睡眠と記憶の研究に数多くの問題を提起しており、とりわけ、徐波睡眠中にはシナプスが実際に弱まって（ダウンスケーリングが起き）、強化されないことを示す研究が膨大な数にのぼっている。それでも最近の研究が、シナプスのごく一部では徐波睡眠中の強化も可能だという証拠を示したから、両方の過程が同時に起きることもあるように見える。徐波睡眠はシナプスの全般的なダウンスケーリングを導き、その結果として、本物の記憶をゴミから選り分けるのを難しくする神経の雑音が減る。ただし徐波睡眠は記憶の再生も調整し、ここで示したターゲットを定めた形の強化に関連することも十分にあり得る。そのため、この段階の睡眠は記憶に対して本質的に二重の効果を及ぼし、背景の雑音を取り除くとともにターゲットの情報を強化する。徐波睡眠中に記憶が再生されれば、よりよく覚えられるのは言うまでもない。

まとめ

この章では、睡眠中に記憶がどのように再生されるか、またそれが記憶にとってなぜ重要かを説明した。記憶の再生をよく理解するには、脳の異なる部分が異なる種類の感覚（視覚、聴覚、触覚など）にかかわっているという事実に気づくことが大切だ。さらに、私たちが脳の活動を測定する方法について感触をつかむことも大切で、先のとがった電極を脳に刺す方法、平らなコインのような電極を頭皮に貼るEEG、さらにfMRIなどがある。これらの基本を押さえたあと、眠っているあいだに神経での再生が実際に起きているという、最も強固な証拠のいくつかをたどった。ラットの場所細胞（いる場所ごとに固有の細胞）と、人間が眠ったあとで見られる明らかなパフォーマンスの向上が示す証拠だ。最後に、神経での再生が記憶の固定にとって重要な理由と、徐波睡眠中の振幅の大きい波が、すべてがピッタリ正しいタイミングで起きるようにしてこの過程を促している理由を見てきた。次は夢についての章で、睡眠中の神経での再生を、まったく異なる角度から考える。

第7章 なぜ夢を見るのか

恐怖に襲われながら、真っ暗な狭い廊下を必死で走っている。何かとても不吉な、恐ろしいものに追われているが、なぜだかはよくわからない。恐怖心に輪をかけるように、自分の足が思うように動いてくれない。まるで蜜をかきわけながら前に進んでいるように感じる。追手がだんだん背後に迫ってきた――もうだめだ、ついにつかまった、と思った瞬間、何もかも消えてしまう……はっとして目が覚める。

私たちが夢をある程度意識していることは、ほとんどまちがいない。断片的で、つながりがなく、荒唐無稽な内容かもしれないが、眠っているあいだに気づかなければ夢ではない。「私は夢なんか覚えていない！」と反論する人も多いだろうが、それはまた別の問題だ。目が覚めたときに夢の内容を覚えていないからと言って、夢が生じたときに気づかなかったことにはならない。ただ、その経験が記憶に刻まれなかったか、保管してあったのに壊れたか、簡単に思い出せないというだけのことだ。

私たちは誰でも夢がどんなものかを本能的に知っているのに、実は世の中一般に通用する夢の定義というものは存在しないと聞けば驚くだろう。かなり確実にあらゆる状況に対応できる定義は、「睡眠中に経験するすべての知覚、思考、または感情」となるだろうか。[1] また、夢は非常に幅広いために、格づけ、順位づけ、採点の方法にもいくつか異なるものがある。たとえば、0（夢をまったく見ない）から7（五つ以上の段階から成る非常に長く続く夢）までの8ポイントの格づけを使用する場合などがある。[2]

アラン・ホブソンらの説への批判

だがここで、少しあと戻りして考えてみよう。神経科学の目的のひとつは、思考と精神的経験を担う脳の場所を地図化することだ。私たちが見たり想像したり考えたりすることはすべて、脳のどこかの場所での神経反応につながる。夢にも本拠地がある。第6章では、大脳新皮質の一次感覚野での神経活動が知覚の印象を生み出すことを見てきた。つまり、一次視覚野で発火するニューロンによって何かが見える錯覚が生まれ、一次聴覚野で発火するニューロンによって何かが聞こえる錯覚が生まれる。そのほかの感覚も同様だ。そのような発火がランダムに起きれば、それに伴う認知は、とてももともとは思えない不規則で細切れの幻覚のように感じられる可能性がある。こうした作られたランダムなイメージと知覚がさまざまに組み合わされれば、私たちが

「夢」と呼ぶ、複雑で多感覚に訴える幻影が生まれるのではないかと想像がつく。

一九七七年にハーバード大学の二人の科学者、アラン・ホブソンとボブ・マッカーリーが、どのようにして夢が生まれるかに関する「活性化‐合成モデル」と呼ばれる理論を提唱した。[3] この理論は夢の生理学に関する知識を利用して、たった今説明したような方法で夢が生まれるとしている。脳幹でのニューロンの無秩序な発火がレム睡眠の大きな特性であることはわかっている。これら脳幹のニューロンは新皮質と連絡をとるので、無秩序な発火は一次感覚野と運動野での反応を引き起こす可能性がある。活性化‐合成モデルは、脳がこれら新皮質の反応を組み合わせて合成し、物語を作り出すのだろうと考える（図19）。この説明は、生理学的なレベルではピタリと辻褄が合う。てんかん患者がときどき見るひどい悪夢は、脳の感情システムでの強度の無秩序な活動を伴う部分発作によって引き起こされることがわかっている。事実、その領域に外部から電気的な刺激を加えると、目が覚めていても夢に似た知覚を生み出すことができる。[4] てんかん患者のデータと電気刺激のデータがどちらも、無秩序に引き起こされた脳幹の活動が夢の主観的な知覚を導く場合があることを示しているわけだ。

アラン・ホブソンは睡眠の薬理学を取り入れることによって、活性化‐合成モデルをさらに拡大している。彼は、レム睡眠中に神経伝達物質アセチルコリンの濃度が高まるとともにノルエピネフリン（ノルアドレナリンとも言う）などのアミン作動性の神経伝達物質の濃度が下がることで（第4章を参照）、奇妙な感覚（たとえばあり得ない並列やゆがみ、筋の通らない論理の展開、突

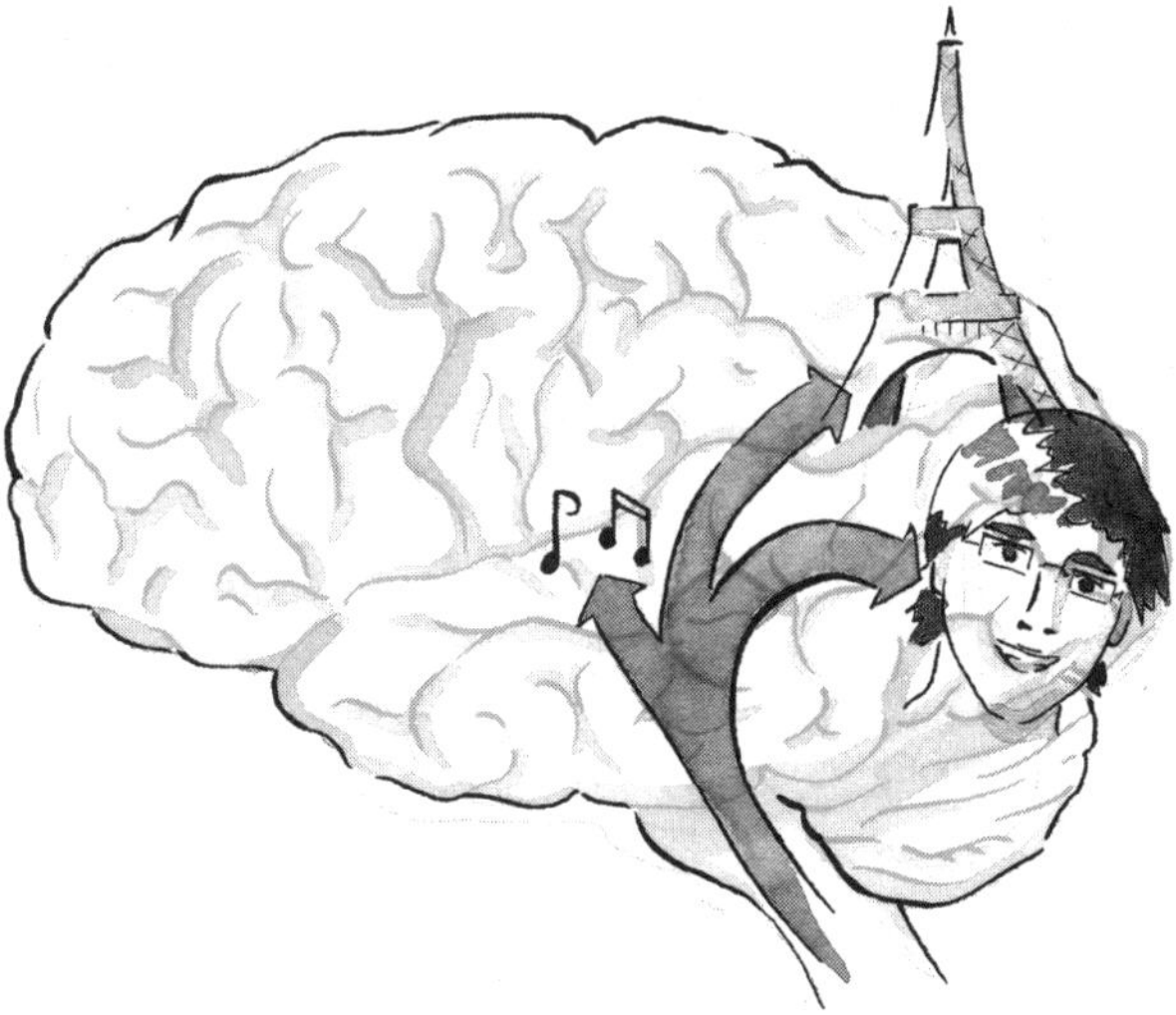

図19 夢の活性化‐合成モデル。

然の場面の切り替えなど）が生じる可能性があるとした。アミン作動性の神経伝達物質が欠乏すると、高度な推論に携わって通常は論理的な思考を促している脳の領域によるトップダウンの皮質のコントロールが妨げられてしまう。レム睡眠中、高度な思考の中心のひとつである前頭前皮質背外側部の活動が比較的低くなるという観察結果が、この考え方を支持する。実のところ、ホブソンは夢と神経障害の比較も行なった。どちらも幻影と錯覚を伴い、さらに前頭前皮質背外側部の異常な反応も引き起こすからだ。

残念なことに、ホブソンとマッカーリーの活性化‐合成モデルは、夢の実際的な特徴を考えると説得力に欠ける面がある。第一に、夢はレム睡眠中だけに見るものではない。睡眠のすべての段階で、夜通し生まれている。もっとわかりやすいのは夢の内容についてだろう。研究によれば、若干とぎれとぎれになる可能性があるとはいえ、多くの夢は常識的で、論理的で、テーマに沿っている。無秩序な神経活動が、ほんとうにこのようなパターンを生み出せるのだろうか？　さらに、夜な夜な現れる同じ悪夢はどうだろう？　ほとんど行き当たりばったりの脳幹の反応によって、そんなことが起こり得るだろうか？　これらの特徴（夜通し生まれ、反復し、場合によってはテーマに沿った論理的な内容になる）は、夢が組織化された方法で生まれることを暗示している。

夢は無秩序な脳の活動によって生まれるのではないばかりか、一次感覚野が夢を指揮しているという考えに対する有力な反証もある。科学者は何らかの損傷を受けた患者や欠損のある患者を調べて、体と心がどのように機能しているかを確かめることが多い。一次視覚野や感覚野に損傷を受けた人は、部分的または完全に失明したり、何かに触っても何も感じないなどの症状が出たりしても、夢のなかでの視力や感覚にはとくに影響を受けないようだ。そのよい例として、体の片側の腕、脚、胴の麻痺が生じる（半身不随になる）ほど、一次感覚野と運動野がひどく傷ついた人があげられる。驚くことに、そのような半身不随の人たちは不自由な体の部分がすべて両側とも正常に動く夢を見るのだ。同様に、言葉を操る脳の部分に深刻な打撃を受けて言語障害に陥っている患者も、夢のなかではまったくふつうに話している。このような脳に障害のある患者たちの経験は、一次感覚野と運動野が夢のイメージを生み出していないことを示している。夢のイメージが作られるまでにはもっと認知が介在しているらしく、感覚信号をより洗練された方法で処理する高次の感覚と運動の連合野がかかわっているようだ。たとえば、視覚連合野（移動、方向付け、色、大きさ、形などの複雑な視覚情報を処理し、通常は見ているものに注目しているときだけ働く部分）に損傷を受けると、夢に視覚的なイメージがまったく現れなくなることがある。

あとから考察するという有利な立場から、現在では活性化 - 合成モデルに対して次のような批判がある。夢の根拠となる新皮質の活動を引き起こすうえで脳幹のランダムな活動が果たす役割を重く見るあまり、このモデルはレム睡眠中の前頭前皮質背外側部の活動低下を過剰に解釈してしまい、レム睡眠中に活発になる前頭前皮質のほかの領域への注目が足りなかったのではないか、というものだ。そのような領域の例としては、脳で重要なコントロール機能を果たしている（たとえば、恐ろしい状況に陥ったときに気まぐれな扁桃体を抑制する）ことで知られる前帯状皮質、自己意識にかかわると考えられている前頭前皮質腹内側部などがあげられる。レム睡眠中にはこれらの構造体がオンラインになったままだから、この睡眠段階で見る夢がまったくコントロールされない状態で生まれると仮定するのはおかしいように思える。

夢のもっと新しいモデルは、当時はロンドン王立医科大学にいたマーク・ソームズが二〇〇〇年に提唱したものだ。このモデルはホブソンとマッカーリーの活性化 - 合成の考え方に反論し、夢は脳幹と皮質の無秩序な活動によって起きるのではなく、実際は脳の思考をつかさどる部分で生まれているとした。ソームズは脳に損傷を受けた患者のデータを精査して、前頭前皮質腹内側部が傷ついた人は夢を見る力を失っているらしいことを発見した。ソームズの研究では、脳の報酬系――中脳から前頭前皮質腹内側部を通して脳の残りの部分に信号を伝える――が夢の基礎になる。前頭前皮質腹内側部への損傷はこのシステムを著しく混乱させてしまう。報酬系に化学的な刺激を与えると――たとえば、脳内で報酬系の中心的役割を果たすドパミンという神経伝達物質に変わるL‐ドパ製剤を投与すると――精神症状とともに、過度の、異常なほど鮮明な夢が現れる。薬剤を使ってドパミンの働きを妨げると――たとえば、この神経伝達物質の受容体をふさいでしまうハロペリドールなどを投与すると――そのような過度に鮮明な夢を見なくなる。ちなみにハロペリドールは、精神病を抑える働きをもつことから、統合失調症の治療に使われることが多い。

おもしろいことに、ソームズが夢にとって非常に重要だと考えた前頭前皮質腹内側部は、精神外科手術の全盛期に患者の正気を取り戻すために意図的に破壊することが多かった領域と同じだ。当時の前頭葉ロボトミー（訳注：頭部に穴をあけるなどして前頭葉を切断する外科的手術）の結果として、七〇パーセントから九〇パーセントの患者が夢をまったく見なくなったことが明らかになっており、このことも夢と精神病の類似性と、夢にとっての報酬系の重要性を支持している。

ソームズは、前頭前皮質腹内側部のほかに、側頭皮質（音の処理および一般的な知識にかかわる部分）、前頭皮質（注意力にかかわる部分）、後頭皮質（視力にかかわる部分）の三つの領域の接合点に損傷を受けても夢を見られなくなることを発見した。この領域は心象を描くのに重要な役割を果たしているので、ここが傷つけば夢を見られなくなるのも驚くにはあたらない。

夢を見る能力

健康であっても、誰もがふつうに夢を見られるとは限らない。複雑で長く、テーマに一貫性のある夢にはすべて、夢を見る人の全般的な認知能力によって決まる部分があるようだ。たとえば自閉症の人は、比較的短く要素の数も少ない夢を見て、見た夢をあまり詳細に思い出せないことがわかっている。それならば、夢を見る能力は、その人の創造的、想像的、感情的思考の全般的能力につながっている可能性がある。同じように、五歳未満の子どもは物語性に乏しいまとまりのない夢を見る傾向があり、五歳から八歳までの子どもが見る夢では、その子どもの空間視覚の知力からこうした特性を予測できる。[5] 興味深いことに、統合失調症の人が見る夢は短く、幻覚のような内容は少ない。それらの夢には攻撃の場面が多く含まれていて、たいていは夢を見ている本人が攻撃される。とびきり攻撃的な夢を見ると、目覚めたあとに精神病的な状態が続くことがあり、とくに重症の患者は目覚めているか夢を見ているかの区別をつけにくくなる場合がある。[6] 鬱病の人が見る夢は変化に富んでいる。一部の研究では、鬱病の人は短くて平凡な夢を見ることがわかった。また別の観察の結果は、否定的で自虐的な夢を見ることを示した。このような相違があったのはおそらく鬱病の症状が変化に富んでいるからで、研究ごとに異なるサブタイプの鬱病患者が対象になっていたのだろう。

夢は何のためにある？

夢は付帯現象——睡眠中の神経伝達の単なる副産物——にすぎないと考える活性化‐合成モデルとは対照的に、夢は重要な機能を果たしていると考える科学者たちもいた。心理学ではごく当たり前だが、この機能が何かについては異なった考え方がたくさんある。そのなかでも夢は隠された欲望を表しているというジークムント・フロイトの説がもちろん最も有名だが、夢が何をするかについてはほかにも多数の理論があり、その多くはフロイトの説よりたくさんの経験的裏づけに支えられている。たとえば、脅威シミュレーション仮説は、夢は一種の仮想現実シミュレーションで、たとえあとで夢のことを覚えていないとしても、そこで身を脅かすような状況のリハーサルをしているのだとする。このリハーサルは現実世界での反応を向上させるだろうから、適応にとって意味をもつ。[7] この説を支持する証拠は、夢の大部分に脅威を感じる状況が含まれること（七〇パーセント以上を占めるとした研究もある）、そしてその割合は夢を見る本人が昼間の実際の暮らしで脅威に出会う割合よりはるかに高いことに見られる。さらに、パレスチナの異なる地域に住むふたりの子どもの研究によれば、実際に身を脅かす状況に出会う割合が高い環境で暮らしている子どものほうが、夢に脅威の場面が現れる割合がずっと高い。これらの脅威への反応はほとんどいつも現実の問題に直結し、理にかなっているので、リハーサルは（もしそれがほんとうにリハーサルだとすれば）明らかに妥当な解決策を含んでおり、それも現実世界で起こり得るシナリオに対する有効なシミュレーションの一種になることを示唆している。

もうひとつの主張は、夢が翌日の感じ方――翌日の気分や、もっと基本的な体調――に影響を与えるというものだ。レム睡眠中に見た不愉快な夢を強制的に記憶させせられた人は、明らかに機嫌が悪くなり、悪夢（見ると目が覚めてしまうほど非常に悪い夢と定義される）は継続的な気分障害を招くことさえある。一方で、夢は長期にわたって気分の調整に役立つという証拠もある。たとえば、離婚した女性の夢を調べた研究では、別れた夫の夢を数多く見た女性のほうが離婚によく順応した。[8] 驚くことに、夢は生理学的な状態にまで影響することがあるようだ。ある研究では、寝る前に水を飲むことを制限されても、水を飲む夢を見た人は、目が覚めてからの喉の渇きが減った。[9]

夢の内容はさまざまな方面から影響を受けることがある。たとえば最近の研究によると、レム睡眠中の人が心地よい香りを嗅ぐと楽しい夢を見はじめる傾向があり、悪臭を嗅ぐと悲観的な、あるいは不愉快な夢を見る傾向があることがわかった。[10] なかには明晰夢（自分の夢だと自覚しながら見る夢）を見て、夢のなかの出来事を思い通りにできる人もあり、そのためのテクニックを集中した練習とトレーニングで身につけられることを示す証拠がある。この話には、当然のことながら興味をかきたてられる。（夢が進化したもともとの目的がわかるわけではないとしても）私たちは眠っているあいだに楽しい経験をするよう自分自身で仕向けられるだけでなく、最終的にはそのテクニックを利用して気分障害、恐怖症、そのほかの精神的問題を治せるかもしれないからだ。すでに、催眠暗示によってヘビやクモなどの恐怖の対象になっているものを夢に取り込み、それらが少しも恐ろしくないと感じさせる穏やかで大人しい姿と結びつけることによって、恐怖症をなくすのに役立つことが知られている。催眠暗示では、夢を心地よいものにし、昼のあいだに練習した心象を使用して毎晩のように続く悪夢を変える（多くの場合は見なくする）こともできる。

夢を見ながら実際に学習しているという証拠はほとんど見つかっていない。睡眠中に学習できるという事実はまた別の問題として、夢そのものは、新しい情報を海馬に刻み込むのに適した場ではないようだ（そもそも、たいていは夢を覚えてさえいない）。言語学習に関する研究がそれを明らかにしている。夜間にレム睡眠に費やす割合が増えると学習効率の向上を見込めるものの、増えたレム睡眠中に見た夢は言語とはあまり関係がない。関係しているとしても、最も多いのは何かを理解できなくてイライラする夢で、文章を組み立てたり解読したりする方法についての夢ではない。

夢の遅延効果

思い出せる一番新しい夢のことを考えてみよう。そこに知っている人は登場しただろうか？　よく知っている場所で起きた出来事が登場しただろうか？　自分がいつもしていることをしていただろうか？　ほとんどの夢には目が覚めているあいだの経験の断片が混じっている。特定の人や場所、行動などが細切れで現れる夢は多い。だが、夢が記憶全体を完全に再生することはあるだろうか——たとえば、自分の母親に一番最近会ったときの場面が、場所や行動やまわりの人たちも含めてすっかり再現されることはあるだろうか？　このような記憶は、断片ではなくエピソード全体を表しているので、エピソード記憶と呼ばれる。夢の研究によれば、この種の記憶は睡眠中にときどき再生されることはあるが、非常に稀だ（そのような記憶が含まれている夢は全体の二パーセントほどだとする研究結果がある）[11]。ほとんどの夢は、起きているあいだの出来事の断片をつなぎあわせたものになっている。それらの断片は比較的なじみのあるもので、夢を見る人の興味や関心を反映する。つまり、自転車によく乗る人は自転車に乗る夢を見て、教師は教える夢を見て、銀行員はお金の夢を見るということになる。

一部の研究者たちは夢の報告を利用して、記憶がすぐ（実際に経験した日の夜に）夢に取り込まれる過程について考察した。フロイトがこれを「昼の名残」と呼んだことはよく知られている。ある研究の結果では、個々の夢の報告の六五パーセントから七〇パーセントに、このような昼の名残（前日の記憶）が登場することがわかった[12]。それに対して、もっと最近になって発表さ

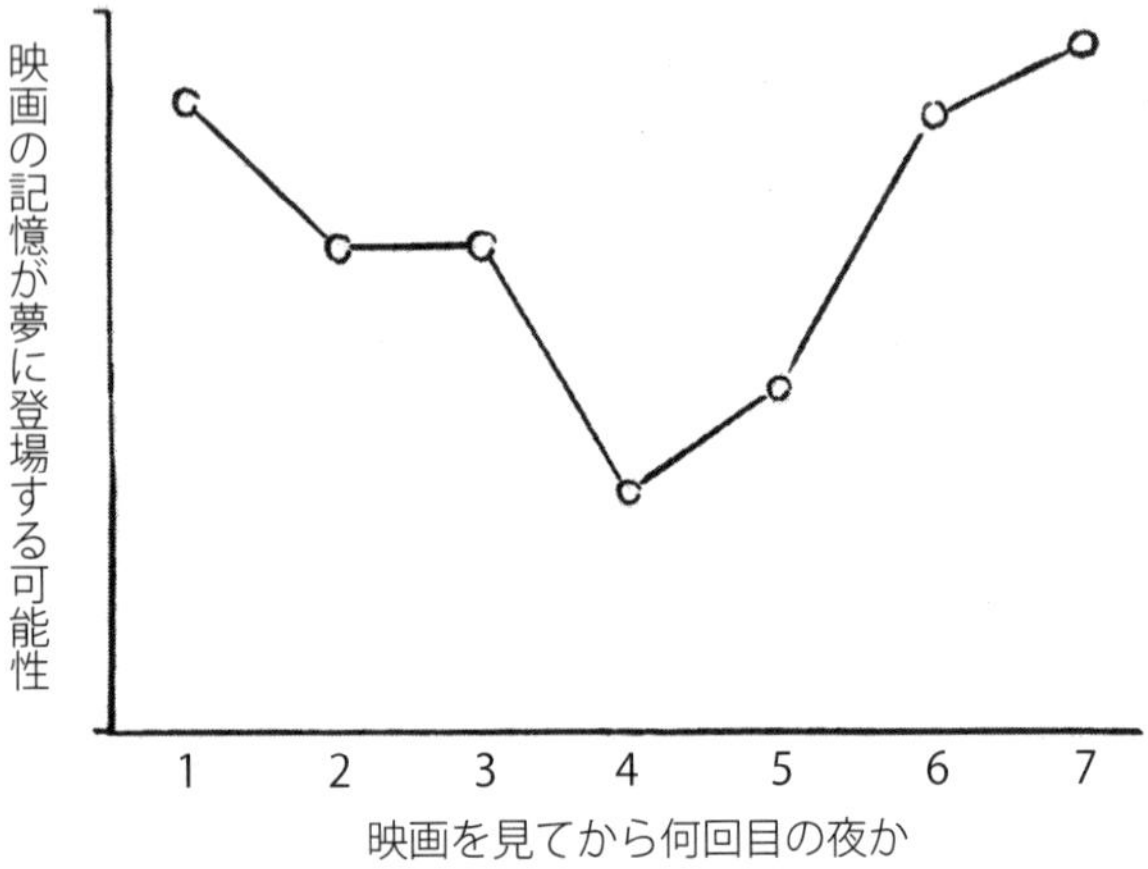

図 20　映画を見た記憶についての夢の遅延効果。

れた「夢の遅延効果」と呼ばれる現象では、ある記憶が昼の名残として最初の夜の夢に現れたあと、その記憶が夢に取り込まれる可能性はそれから数日の夜は着実に減っていき、それからまた数日の夜にわたって増えていくという、驚くべき観察結果が示されている（図20）。

つまり、ある経験をしたあと、その記憶が最初の夜の夢に現れるのは非常に一般的だ（今日、私がもし交通事故に遭ったとしたら、たぶん今夜はその夢を見るだろう）。そのように昼間の出来事が夢に登場する可能性は、その後何回かの夜は少しずつ減り、出来事があった日から数えて三回目から五回目にあたる夜にはほとんど夢に取り込まれなくなる。ところが思いがけないことに、最初に経験してから六回目と七回目の夜には、記憶が夢に現れる可能性がまた増えるのだ。いったい何が起きているのだろうか？　なぜ記憶は、六日後から七日後より三日後から五日後には夢に現れにくくなるのだろうか？　ひとつには、記憶には固定が必要なことが関係しているかもしれない。経験から三日から五日後は記憶が何らかの方法で処理されている最中で、一時的に「オフライン」となり、利用できないのだろう。しかもこのような効果が当てはまるのは、鮮明な夢を見たと報告する人だけ、さらにレム睡眠中の夢だけのようだ。ほとんどの研究と同様、夢の遅延効果は、これが答えられる疑問の数より多くの疑問を生み出している。

睡眠の段階によって夢の種類が異なるわけ

夢はすべてが同じではない。よい夢と悪い夢の違いは誰でもわかるが、筋書きがあって理にかなっている夢と奇妙な夢があることには気づかない人も多いかもしれない。あまりにも現実的すぎて、現実ではないと納得するのが難しい夢もあるし、とてもあいまいでぼんやりしている夢もある。ひとつのテーマから別のテーマへとどんどん切り替わっていく断片的な夢もあれば、理路整然とした筋に沿って進む夢もある。最近の分析によれば、これらの違いは単にでたらめに生まれているのではなく、異なる睡眠段階ごとに、さまざまな脳の状態による生理学および海馬や大脳新皮質などの構造体が互いに連絡を取り合っている程度によって決まるらしい。

夢は睡眠のすべての段階で現れるが、夜が深まるにつれて、どんどん断片的になっていくようだ。一般に、夢はそれまでの経験を寄せ集めて成り立っているように思える。すでに述べた通り、夢にはまとまりのない記憶の断片が含まれていて、行ったことのある場所、見たことのある顔、少し見慣れた状況などが混ざっている。これらの断片がほぼ無秩序につながり合っている場合と、筋の通った現実的な順序に並んでいる場合がある。ノンレム睡眠のあいだに見る夢は、レム睡眠のあいだの夢より短いがまとまっている傾向があり、その前日に起きたばかりの出来事に関連していることが多い。夜の早い段階で起きるレム睡眠中の夢にも、目覚めていたあいだの最近の経験が反映されることがよくあるが、ノンレム睡眠中の夢よりは断片的になる。その反対に、夜が更けてからのレム睡眠中の夢は、通常ははるかに奇妙で支離滅裂だ。

これらの記憶の断片がどこから来るのか、そしてそれらがどのようにつなぎ合わされるかを単純に考えてみれば、夜の早い時期と夜が更けてからの夢の違いを説明できる。エピソードのさまざまな要素は大脳新皮質に保管されていると考えられているが、必ずしもつながってひとつの完全な場面になっているわけではない。たとえば寝る前に夕食をとった記憶に、特定の場所、特定の音、特定の動作、さらにいっしょにいた人たちの記憶などが含まれているとすると、それらの情報はそれぞれが新皮質の異なる領域によって描写されている。それらが組み合わさって完全な記憶になるとしても、新皮質のさまざまな領域が直接つながり合うわけではない。海馬がそうしたつながりを記録し、少なくとも記憶が比較的新鮮なあいだは、適切な連携を保つ役割を果たしている。ところが眠ってしまうと新皮質と海馬のあいだの連絡が混乱し、この過程も混乱する。

レム睡眠のあいだ、そのとき見ている夢に関連している新皮質の領域と海馬は両方とも非常に活発に活動しているのだが、両者が連絡をとっているようには見えないのだ。海馬からの入力なしに新皮質の反応が自主的に生じるから、複数の感覚がうまく組み合わさった描写にならず、記憶の断片が引き出されてしまう。要するに、新皮質に保管されている記憶がレム睡眠中に利用または活性化される場合、同じ記憶の別の側面も動員されて完全なエピソードが再現されることはなく、断片のままになる。それらの断片は、目が覚めているあいだに（実際にはノンレム睡眠中にも）同じ場所のことを考える場合のように組み合わさることはない。たとえば、夕食の席にいた誰かについての新皮質の記録も、夕食をとった場所についての新皮質の記録も活性化されるかもしれないが、必ずしも互いにつながるとは限らず、夕食につながらないかもしれないし、そもそも食べるという考えにつながらないかもしれない。無関係のように思われる人物と出来事が、この場所の記憶と同時に活性化するかもしれない。このような状態を引き起こしている可能性のあるもののひとつに、夜のあいだじゅう着実に増加するストレスホルモンのコルチゾールがある。コルチゾールの濃度が高まると海馬と新皮質のあいだの連絡が妨げられることがあり、明け方になるとその濃度は非常に高くなるので、夜遅く（明け方）の夢がバラバラになる生理学的理由になり得る。

どのようにして出現するかにかかわらず、夢は記憶の断片を再生するだけでなく、創造性に富んだまったく新しい記憶と知識の混合を作り出すことも明らかだ。この過程は数多くの文学作品、芸術作品、科学的発想の源となり、たとえばメアリー・シェリーの『フランケンシュタイン』、ベンゼンの分子式、電球の発明を生んだ。この眠気を誘う創造性を実証するとりわけ素晴らしい例は、三五人のプロの音楽家の研究で見ることができる。彼らが夢のなかで音楽を耳にした回数は世間一般の人たちより多かったばかりか、聞こえた音楽の多く（二八パーセント）は、目覚めているあいだに一度も聞いたことのない曲だった。音楽家たちは夢のなかで新しい音楽を作り上げていた！

夢がどうやってこのような創造性に富んだ材料の並べ替えを行なっているのかは、よくわかっていないが、睡眠中の脳は制約から解放されて、一連の自由連想を生み出すことができる。このことは創造にとって役立つだけでなく、洞察力と問題解決にも役立っていると考えられている。さらに、新しく獲得した記憶をもっと遠い記憶と結びつけるためにも不可欠だろう（第8章を参照）。それどころか、こうして促進される水平思考そのものが、夢のほんとうの目的かもしれない。自然選択を通して進化するためにはたしかに有益なものだ。

なぜ起きると夢を忘れてしまうのか

夢が大切な役割を果たしているとしても、また夢が記憶の固定にとって重要であるとしても、ほとんどは目が覚めるとすぐ記憶から消えてしまうように思える。実際には、夢を忘れるには生理学的な理由があるらしい。目が覚めているあいだは海馬が大脳新皮質の活動を監視しており、そこで起きるおもな神経事象をすべて記録し、それぞれの要素を組み合わせて、（これが最も重要なことだが）記憶している。ところが眠っているあいだは海馬が新皮質からの入力にほとんど反応しなくなるため、このパターンが変化してしまう。つまり、新皮質の活動が覚醒中と同じようには記録されなくなり、夢で生まれたエピソード、テーマ、ストーリーが残らなくなってしまう。こうして、夢のなかで奇妙な組み合わせと順序の出来事を生み出している生理学的断絶が、目覚めてから夢を思い出せないようにする働きもしている。よく考えてみれば、夢をはっきり覚えていて現実と混同してしまうと混乱を招くから、この断絶はおそらく適応に役立つだろう。

もちろん、意図的に夢を忘れてしまう機能が必ず働くとは限らない。もし完璧に働くなら、夢があることを知っている者は誰もいなくて、こうして夢について書く章など存在すらしないはずだ。夢の健忘症がなぜ部分的にしか機能しないかははっきりしないが、このような中途半端なパターンは、海馬と新皮質とのあいだのコミュニケーションが睡眠中も完全には断たれていないことを示唆している——ただ反応が遅くなるか働きが悪くなり（インターネット接続が遅くてイライラするときのことを考えてほしい）、新皮質で発生する強い刺激の一部だけが最終的に海馬に届き、記憶されるのではないだろうか。この種の接続性の低下があるとすれば、感情に訴える夢を覚えていることが多い理由も説明できる。感情的な刺激は強いから、接続が悪いときでも伝わりやすい。

夢は記憶を向上させる？

感情に訴える夢をよく覚えていることを説明できるもうひとつのメカニズムは、記憶の再生に関連するものだ。睡眠中の記憶固定の根拠となっている記憶の自動的な再生が、意識の上に現れたものが夢だという考え方は、非常に興味深く、無視することはできない。記憶の再生すべてがこうして意識に浮上することはなさそうだが、再生のほんのわずかな一部（氷山の一角）が浮上することはあり得る。研究者たちはこの考えを確認するために、見たと報告される夢と、その夢を見た睡眠中の記憶の向上の関係を調べた。具体的には、直近に学習した（たとえば迷路を解くなどの）課題について夢を見たと報告した人では、そのような夢を見なかった人より睡眠中に学習効果が向上したかどうかに注目した。[13] この考え方はまだ比較的新しいものだが、これまでに得られたデータはかなり一貫してこれを支持している。この種の研究の問題点として、夢は忘れ去られることが多いため、十分な数の「覚えている人」をサンプルとして集めるには膨大な人数を研究対象にしなければならないことがあげられる。最新の実験では、被験者に記憶してもらう課題をできるだけ感情に訴えるものにして、この問題を回避する傾向がある。たとえば、実験の被験者は従来の研究のようにコンピューターで平凡な立体迷路を解くのではなく、双方向型のビデオゲームに没頭する。ゲームでは制限時間内で生き残りをかけて戦い、迷路のどこから妖怪が飛び出してくるかわからず、コンピューター画面の隅には参加者が得られるはずの金銭的報酬が表示され、だんだん減っていくのが目で見えるようになっているという具合だ。これによって夢に登場する（そして記憶に残る）割合は高まっているが、それがその後の記憶にどのように関係するか、まだ判定は下されていない。

まとめ

この章では、脳の活動の特定のパターンに結びついた生理的反応として夢を紹介してきた。夢は脳幹の混乱した活動によって引き起こされる皮質内のランダムな神経発火から生まれた付帯現象であるという考え方、また夢は前帯状皮質のようなもっと思考に関連の強い脳の領域によって生まれるという考え方について説明した。前頭前皮質腹内側部に損傷を受けると夢を見なくなること、夢を生むにはこの領域を通して投射されるドパミンによる報酬系が不可欠な可能性があることも見てきた。脅威のシミュレーションや気分の調整、記憶の再生という、夢が果たしている可能性のある働きも探った。記憶にもっと注目し、記憶を獲得してから数日後には夢に現れにくくなる期間があること、これは一時的に記憶を利用できなくなる段階的な記憶固定の過程を反映していると考えられることも説明した。最後に、夢は記憶の再生を反映しているから、記憶固定にとって重要な役割を果たしているかもしれないこと、また夜の早い時間帯には夢が完全な形で再生されやすいのに対して夜が更けると断片的にしか再生されないのは、その時間に海馬と新皮質のあいだのつながりが低下するためだろうという考えも紹介した。

次の章では記憶の固定を異なる角度から眺め、睡眠がどのようにして全体的な原則を要約するのに、あるいは情報全体の「主旨」をまとめるのに役立ち、それによって一般知識の構築および創造的な関連付けと推測を促すかについて考えていく。

第8章　ひと晩寝ると問題が解けるわけ

何かを理解できないとき、難しい決定を迫られたとき、または気が動転したときには、ひと晩寝て考えればたいていの困難は消えてなくなるというのが、古くから語り継がれた知恵だ。この超消極的アドバイスは、若いころ聞くとじれったく感じるかもしれないが、たいていの人はやがてこの昔ながらの問題解決戦略としての睡眠の価値を身にしみて学ぶようになる。布団をかぶって寝てしまうのは積極的な取り組みにくらべると逃げの姿勢のように感じられるが、実際には、どのような問題にわずらわされているときでも、睡眠は解決を試みるための最も積極的な方法のひとつであることがわかっている。

論点を少しずつひも解いてみることにしよう。私たちは眠っているあいだに自分が抱えている難問について意識的に考えているわけではないが、脳はそれらの問題に取り組んでいるという証拠はたくさん見つかっている。第1章で、決められた順序でボタンを押したり自転車に乗ったりするような単純な技能は、睡眠のあとで向上することを見てきた。朝の食事で何を食べたか思い出す、前の日にしたことを思い出す、または（実験で）見せられた絵と単語の組み合わせを覚えるといった、もっとありふれた記憶の例も、目を覚ましたまま時間を過ごしたあとより、同じ時間だけ眠って過ごしたあとのほうがよく覚えている。短い昼寝であっても、たとえ六分という短い昼寝でも、睡眠は記憶を助ける。睡眠は明らかに記憶に対して何かをしており、ある種の記憶は睡眠後のほうが実際に強まるという事実は、単に睡眠が記憶を崩壊や干渉から消極的に守る（記憶が消えないよう、書き換えられないよう、または新しく入ってくる別の情報と混同しないようにする）だけではないことを示唆している。実際、睡眠は記憶をはっきり強める方法で積極的に処理しているように見える。すでに第5章と第7章を読んできた読者には聞き覚えがあるだろうが、私たちが眠っているあいだには、記憶の邪魔をするかもしれない背景雑音が定期的に除去され、記憶が描写を具体的に強化する方法で再生される。

ただし、居眠りをしていると記憶が積極的に強化されるからと言って、扱いにくいジレンマを解決するには「ひと晩寝て考えなさい」と言う母親のアドバイスをだんだん尊重できるようになる理由にはならない。個々の出来事の記憶を強化できると、なぜどんな問題でも解決しやすくなるのだろうか？　その答えは、睡眠が単なる個々の記憶の強化をはるかに超える働きをするということのように思える。睡眠はまた、新しい情報を古い情報と統合する複雑な処理に参加するとともに、出来事全体を説明する全般的な原則や規則性を要約して、私たちが情報に基づいて未来を予測できるよう助けてもくれるのだ。

たとえば、子どもの誕生日パーティーに何度も出席しているうちに、この種の集まりには必ず何らかのケーキ、プレゼント、大勢の（できれば楽しそうな）子どもたちが登場することがだんだんにわかってくる。パーティーのそのほかの特徴、たとえばヘリウム入りの風船やピエロの有無、出席する顔ぶれ、会場などはそれぞれの場合で大きく異なるかもしれないが、いつも決まっている特徴は誕生日のパーティーがどんなものかという心的描写を形成するための骨組みを提供してくれる。このような基本描写をいったん把握してしまえば、そうたびたびは出会わない特徴（たとえば、一部の誕生日パーティーはプールを囲んで開かれる）についての情報も、どのくらいの頻度か（たぶん自分の町で開かれるパーティーの一〇パーセントくらいはプールで開かれる）、そのほかにはどんな特徴が伴うか（プールで開かれるパーティーには七五パーセントの確率でスイカが登場する）といった知識とともに、より簡単にそこに加えることができる。パーティーの中心的特徴、出会う頻度、付随する特徴のこうした描写があると、将来のパーティーに関する予測はとても簡単になる――場合によっては、日焼け止めをもっていくか、どんなプレゼントを買うか、といった微妙な決断も楽になる。

眠りが情報を統合し、要約している証拠

ここで説明したような統合された描写を生み出すのに睡眠が役立っているという証拠は増えつ

つある。このような描写を作り上げるのはとても複雑な作業なので、本格的な研究では具体的な手順に分解して考える傾向がある。たとえば一部の実験は、バラバラな情報の断片を統合された全体にまとめるうえでの睡眠の役割を調べてきた。別の研究は新しく学んだことと古い知識との統合を睡眠がどのように促進するかを調べ、とりわけ意欲的な研究者たちは、睡眠は遠い関係にある考えや概念のつながりを生む役割を果たすから、創造性と洞察力を促すとも論じてきた（温暖な気候の土地に暮らす人たちは誕生日が夏の場合にプールを囲んでパーティーを開くことが多いが、熱帯地方に暮らす人たちは一年中そうするかもしれないと気づくなど）。認識の枠組み形成を明確な目的とした研究は、多数の記憶で繰り返される具体的な側面（プレゼント、ケーキ、楽しそうな子どもたち）を抽出してひとつの機能的な知識の枠組み（これをスキーマと呼ぶ）を作り上げるうえでの睡眠の役割を調べてきた。科学的には、こうして共通した特徴を抽出する過程を「抽象化」と呼ぶことがある。この方法で抽象化される認識の枠組み（またはスキーマ）を用いることによって、私たちは知識を構築し、未来についての有効な予測を行なえる（誕生日のパーティーに関する予測のように）。では、睡眠はそのスキーマの構築にどんなふうに影響を及ぼせるのだろうか？　もっと詳しく見てみよう。

　睡眠が個々の記憶を結びつけ、もっと大きい全体像を見ているように感じさせる役割を果たすという考え方は、おそらく推移的推論と呼ばれる方法を用いる研究によって最もはっきり支持されている[1]。この研究では、実験者が一連の抽象的な絵にA、B、C、D、E、Fのラベルをつけた。これらのラベルによって（そのほかには何の根拠もなく）絵にはA＞B＞C＞D＞E＞Fの順位がついた。ただし、被験者にはラベルのことも順位のことも伝えない。被験者が見る限り、それぞれの絵のあいだに特別な関係はなかった。ただ、被験者には常に絵がペアとして示され、それも常に一方がもう一方より上位（＞）であることを示す位置に置かれた（たとえば、A＞B、B＞C、C＞D、D＞E、E＞F）。これらのペアはすべて周囲の絵のすぐ近くに配置されたので、全部を記憶したとしても、被験者がたとえばB＞DやC＞Fだと気づくには一種の認識の飛躍が必要になる。それでも、トレーニングを積んでこの種の推測をテストすると、一定時間睡眠をとったあとのほうが同じ時間だけ目を覚ましていたあとより、はるかに正しくこの認識の飛躍をこなすことができた。まるで睡眠による何らかの助けがあったために、断片的な知識を統合し、絵について学習したすべてのことを正しい順序にまとめ上げた描写を作れたように見えた。

さらに問題解決における洞察力の研究では、睡眠が繰り返しの経験から共通のテーマを導き出す作業を支えているという証拠が示されている。[2] この研究の被験者は、ネスト（入れ子状に）した一連の式を繰り返し解いて最終的な解答を得るという、同じルールを何度も反復して適用しなければならない数学の問題を解くよう指示された。ただしすべての問題は隠された規則性によって、二回目の反復の答えがいつも全体の答えと同じになるよう作られていたのだが、そのことは被験者に知らされなかった（次ページの図21）。それに気づけば、何度も式を解く手間を省いて一

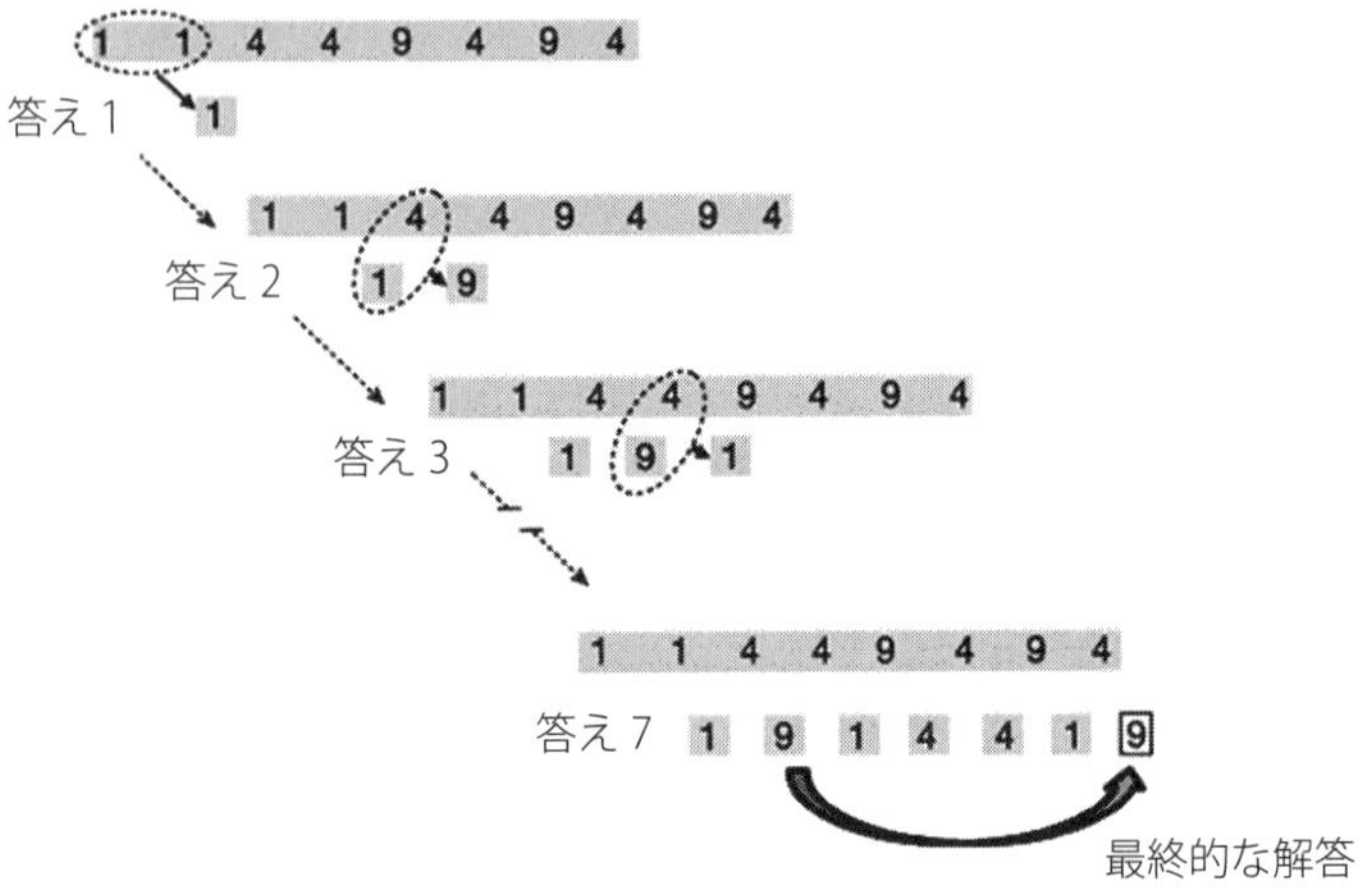

図21　隠された規則に気づくかどうかの課題。

気に最終的な解答を得ることができる。ひと晩寝たあとでは、グループの約半数が反復する式を素早く解けるようになった。残りの半数は速くならなかったが、驚くことに、規則性を推測する傾向があったのはこの遅いほうのグループだった。そのため最終的には、退屈な反復で答えを素早く求めるよりも解答を得るまでの速さが大幅に向上した。問題全体の構造に洞察力を働かせることにより、このグループは最初のふたつの式を解いただけで一足飛びに最終的な解答を得ることができたからだ。この実験でとくに興味深い点として、被験者が課題の解決に上達しただけでなく、ふたつの異なる方法で上達したことがあげられる。反復する問題をより速く解く方法と、課題についてわかった情報をすべて統合し、近道があることに気づく方法があった。ゆっくり解いていたグループだけが近道を見つける傾向にあったから、これらふたつの過程は互いに相容れないもののように見える。

これに関連のある実験では、被験者に単語のパズルを解いてもらい、睡眠が創造性に与える影響を調べた。[3] たとえば、「sixteen」、「heart」、「tooth」という三つの単語を見せられた被験者は、そのすべてにつながる四つ目の単語を考え出さなければならない（この場合は「sweet」が適切な答えになる）。この種の問題では、被験者が九〇分の昼寝をしたあとでは非常に答えを思いつきやすくなり、こうした優位性は昼寝中にレム睡眠が含まれていた場合にのみ表れた。この結果を先にあげた繰り返して解く数学の課題とあわせて考えると、たとえば数学の問題にある共通のパターンや、三つのヒントすべてに sweet という単語がつながる方法（「sweet-tooth：甘党」、「sweet-heart：恋人」、「sweet-sixteen：花の一六歳」）など、ゆるやかに関連している概念のあいだにつながりを成立させるうえで睡眠が何らかの役に立っているのではないかと思われる。

睡眠がゆるやかに関連している情報をまとめる役割を果たしている証拠を直接探そうという研究からは、睡眠によってこの種の統合的思考が可能になるという考えをさらに明確に支持する結果が出ている。[4] ある実験では、まず同じ部首を含んだ数個の漢字とその意味を被験者に示した（漢字の部首は、その漢字の意味につながる特定の概念的なカテゴリーを表している）（訳注：被験者は英語を母国語とする人）。次に、それと同じ部首を含む新しい（被験者が知らない）漢字をひとつ示し、その意味を四個の選択肢のなかから選んでもらった（次ページの図22）。最後に、部首だけを示し、それが意味するカテゴリーを答えてもらった。最初に示す漢字では部首がどれか

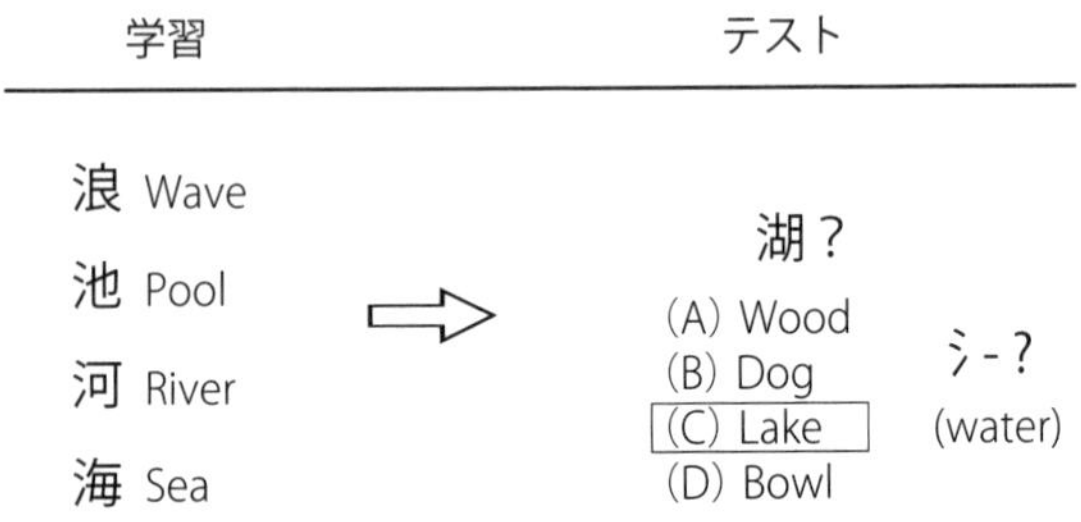

図 22　漢字の課題。

を明らかにしていないので、この課題では複数の情報の断片（たとえば「水」などの同じカテゴリーに関連するさまざまな漢字）と、そのすべてに共通する情報の抽象化（共通部分はその漢字が「水」というカテゴリーに含まれることを示している）が必要だった。そしてこの複雑な抽象化が必要な課題の成績は、被験者が眠ったあとで大きく伸びた。

同じ全般的な原則に関するもっと抽象的な例は、確率的ルールに従って並べられた一連の情報から一般的統計値を導き出すよう被験者に求める課題で見つかる。[5] たとえば、確率的に構成された（A音のあとには九〇パーセントの確率でB音が続き、B音のあとには九〇パーセントの確率でC音が続くなどの）連続音を、被験者に数分間聞いてもらった。その後、同じ確率で決められたパターンに従って構成された短い音を、ランダムに並べられた音から聞き分けるという課題に取り組んだ被験者は、ひと晩眠ったあとのほうがよくできるようになった。事実、構造化された順序を認識する能力は、ひと晩で大幅に向上していた。

総合すると、これらの研究は複数の情報源からの情報を結びつけるためには睡眠が重要であることを示している。睡眠は、統計的規則性や全般的な原則を導き出したり、新しく得た記憶をもっと古い知識構造に組み込んだり、一連の関連した断片をつなぎあわせてもっと大きな全貌を明らかにしたりするのに役立っている。しかし、睡眠はこれらの過程をどのようにして促すのだろうか？　この問題はまだ解決されていないが、少なくともひとつは有望な可能性をもった説明がある。

情報のオーバーラップ・モデル

二〇一一年に、現在はリンカーン大学に所属している同僚のサイモン・デュラントと私は「抽象化のための情報オーバーラップ（iOtA）」というモデルを開発した。徐波睡眠中の記憶の再生を、同じ睡眠段階で起きるニューロン間のつながりのダウンスケーリング（シナプス恒常性とも呼ばれるもの――第5章を参照）と組み合わせることによって、これらの現象すべてを説明しようとしたものだ。[6]このモデルでは、複数の記憶が同時に再生されると、共通した再生領域に関連するニューロン、つまり「オーバーラップ」したニューロンがほかのニューロンより強く活性化するという単純な点を基本原則とした（次ページの図23）。たとえば、一、二、三の誕生日パーティーの記憶を再生すると、そのすべてにケーキ、プレゼント、風船が含まれていたが、開催場所は異なり、出席した顔ぶれもさまざまだったので、ケーキ、プレゼント、風船をコード化するニュ

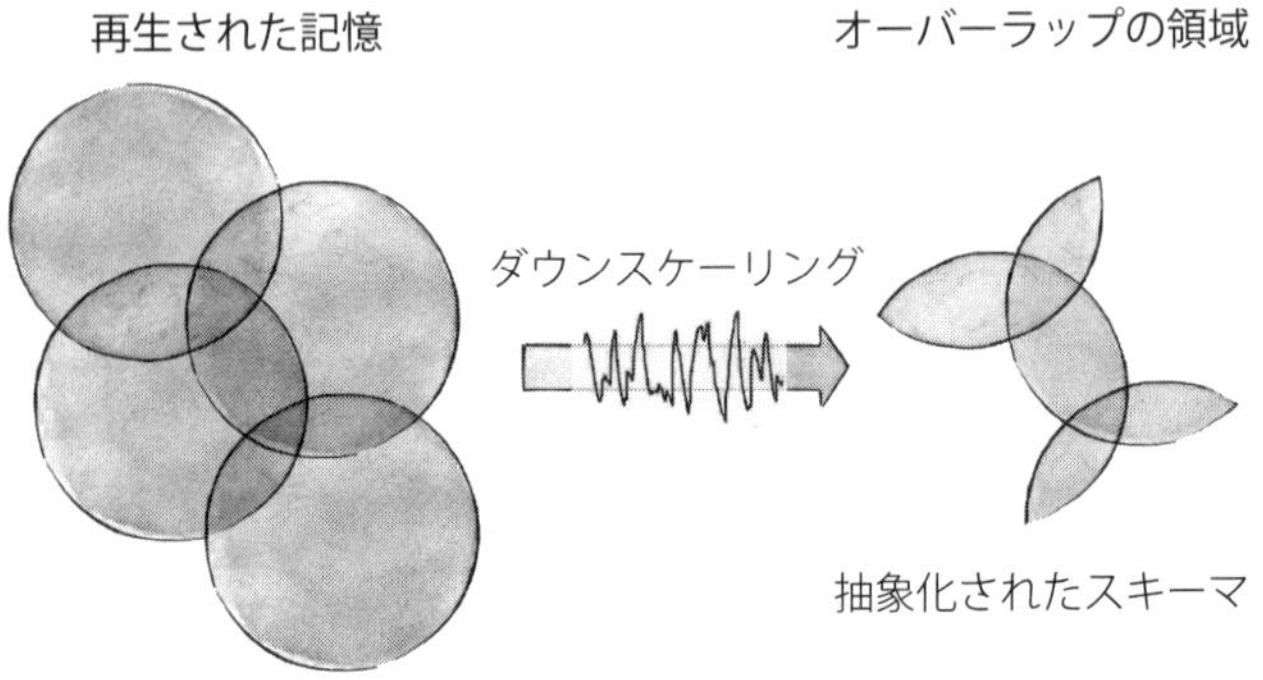

図23　抽象化のための情報オーバーラップ（iOtA）モデル。

ーロンの反応のほうがパーティーの場所や出席者に関連する反応より強くなる。さらに、「ともに発火するニューロンはともにつながる」の一般原則（第3章を参照）に基づいて、ケーキ、プレゼント、風船の神経描写のあいだにできる連携は、やはりこれらの記憶に関連するその他（たとえば誕生日の主役とその女の子がもらったプレゼントやその子のパーティーに出席した人など）の連携よりも強くなる（図24）。これらの強化は、すべてが重要な意味をもつ。その後、シナプスのダウンスケーリングが発生したとき、そのあとまで残るのはオーバーラップしているこれらの神経描写だけになると考えられるからだ。実際、夜のあいだに複数の記憶が再生される場合、特定の描写（たとえば誕生日のケーキ）や描写の結びつき（たとえばケーキとプレゼント）が引き出される回数が多いほど、記憶のなかのその特定の側面が残りやすくなる。

では、すでに説明した統合や問題解決に関するデータを、ｉＯｔＡモデルでどのように説明できるだろうか？

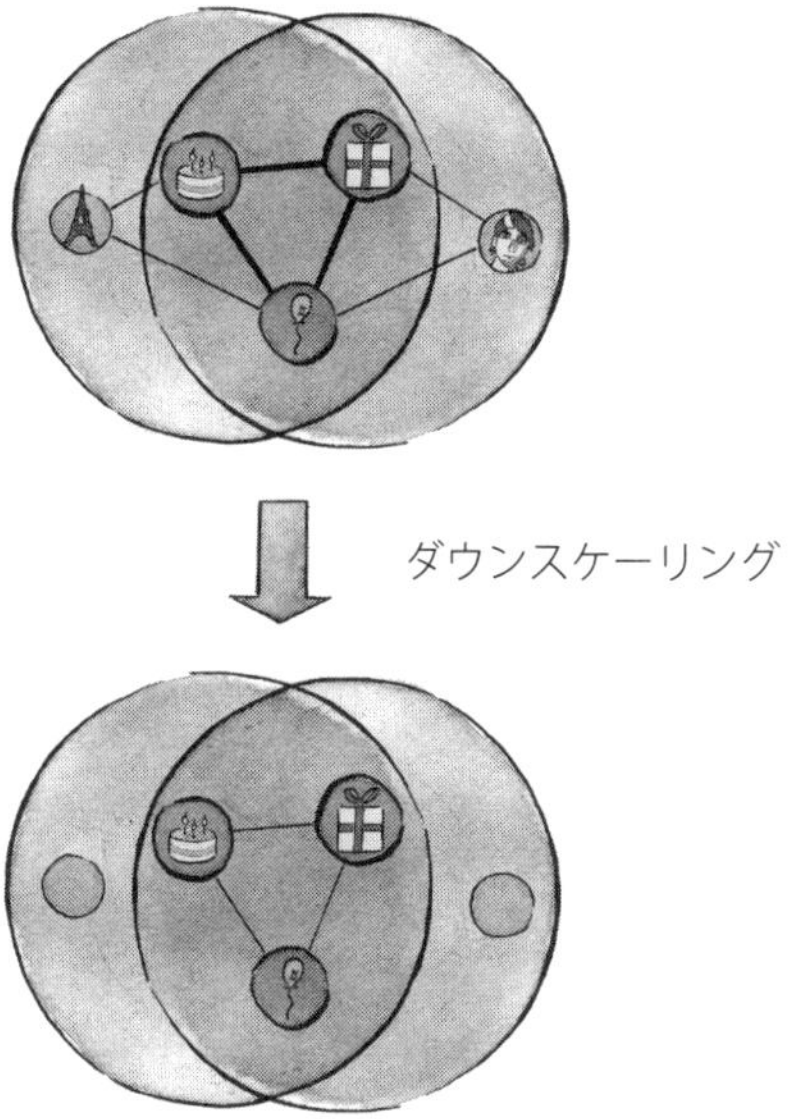

図 24 共通した記憶の構成要素だけがダウンスケーリング後に残る。

たとえば漢字の課題の場合、被験者は特定の部首がいつも特定の概念に結びついていることを学習する必要があるので、このモデルはうまく当てはまる。複数の異なる漢字の記憶が徐波睡眠中に同時に再生されると、部首とそれが表すカテゴリーの描写がすべて引き出されるので、強く活性化され、互いに結びつく。これが十分な回数だけ起きれば、そのあいだの連携は個々の漢字の描写が記憶から消えたあとでも残るだろう。計算の課題でも同じことが言える。近道の規則性はすべての計算問題に共通しているから、計算がいくつか再生されるだけで、その共通性は必ず強化されることになる。A＞B＞Cなどの階層を伴った推移的推論の課題は、徐々に組み立てられて完全な階層をなす一連の関連性の構造で説明できる。つまり、B＞Cなどの個々のペアは個別には認識されなくなる。BはAにつながり、CはDにつながり、さらにDはEにつながっているからだ。統計的学習の課題は、iOtAモデルにとっては少し難問だ。課題の統計的な特性を学習するためには、ただ単純な関連性を記憶しておくだけではすまない──その関連が起きる確率も学習しておく必要がある。このため脳は、ある音のあとに別の特定の音が続く──A音のあとにB音が続くなどの──頻度も、記憶のさまざまな再生のあいだの平均をとることによって記録しておく必要がある。iOtAモデルは今のところ、この種の平均化がどのようにして起きるかを説明できないが、どのようにして起きる可能性があるかを考える余地はある。

このような結果を生み出す睡眠の力、とくに睡眠中のオーバーラップした記憶再生の力は印象的なものだが、背後にはもっと深い意味も隠されている。

誕生日パーティーがケーキ、プレゼント、風船と結びついているという認識は、新しい意味的または概念的知識が発達した例だ。意味的知識は、世界について、またそこにあるものが互いにどう関連しているかについての一般的な知識になる。意味的知識の典型的な例としては、空は青い、パリはフランスの首都、ついでに言うと、誕生日パーティーにはふつうはケーキとプレゼントと風船が登場する、などをあげることができる。興味深いことに、私たちは誰でもこのような知識をもっているのに、どこで学習したかを思い出すことはできない。ほんとうのところ、そうした知識の起源を思い出せるなら、それは意味的知識とは言えなくなってしまう。意味性認知症などの特定の種類の脳の損傷や委縮症がある人は、意味的知識が低下して、重度になれば日常生活も困難になる。第一に、そのような機能障害では一般的に自分の考えを表現するのに必要な言葉も見つけるのが難しい。さらに悪いことに、意味性認知症の患者は簡単に混乱することがあり、お茶を入れるといった単純な行動さえ難しくなる（たとえばお湯をわかすのを忘れる、ティーバッグを使うのを忘れる、または牛乳をわかしたり砂糖の代わりに塩を使ったりしてめちゃくちゃにするなど）。

意味的知識は私たちがすることすべてになくてはならないものだが、それがどのように形成されるのか、科学者たちはまだはっきり解明できていない。記憶の一般理論によれば、個々の経験の描写はときとともに進化し、大脳新皮質で繰り返し再生される過程を通して、すでにもっている知識に徐々に統合される。iOtAモデルは、睡眠中の記憶再生がどのように意味記憶の構成要素を形成できるか、またすでにある知識への新しい記憶の統合をどのように助けるかを示して、これらの理論を拡張している。

まとめ

難しい問題をひと晩寝て考えれば、ほんとうにその解決に役立つのだろうか？　ここで説明してきた、またｉＯｔＡモデルで説明できるような、統合と抽象化は、日常生活で出会うあらゆる問題の役に立つとは言えないかもしれない――それでも通常は、問題を解決できないと決めつけてしまう前に（たとえばひと晩かふた晩くらい眠って）少なくともチャンスを与えるだけの価値はある。これらの考え方は、「ひと晩寝て考えなさい」と言う母親の言葉をだんだん尊重できるようになる理由を知る糸口にはなるが、ひと晩で記憶の魔法が起きる詳しいメカニズムは、まだ解明されていない。

第9章 いつまでも忘れられない記憶

すべての記憶は平等に創られている――わけではない。私たちは強い感情を伴う出来事を、日常の出来事よりはるかによく覚えている。強い感情を抱くものは何よりもずっと重要なことが多いのだから、進化の点から見て大いに納得がいく。魅力を感じている誰かにキスをされたこと、あるキノコを食べたあとで体の具体が悪くなったこと、友だちからもらったとびきりおいしいアイスクリームの名前は、どれも覚えておいたほうがよいと思われることの例だ。それに対して単調な日常の出来事の多く――朝食で口にしたもの、鍵を置いた場所、自転車をとめた場所などは、はるかに重要性が下がってしまう（ただし、鍵や自転車が見つからなくなれば、その限りではなくなるだろう）。

情動記憶（喜怒哀楽などの比較的急激に起きる一時的な感情を伴う記憶）をほかのものよりよく覚えているのは偶然ではない。それどころか進化心理学者なら、重要な出来事があとから記憶を生み出すメカニズムに優遇され、より強くコード化されて維持されやすいようにフラグをつけるのが、感情の唯一の存在意義だと論じるかもしれない。どの食べ物なら赤ん坊に与えても安全か、どの技を使えば獲物を確実に倒せるか、いつもどのあたりにトラが潜んでいるかを優先的に記憶しなかった石器時代の穴居人は、おそらくあまり長く生き残ることはできなかっただろう。重要な情報を記憶しておくことは絶対不可欠で、感情は何が重要かを示す標識だ。感情に対する体と脳の反応は、それらの出来事を最初に記憶に残す方法と、時間の経過とともにその記憶を少しずつ変化させていく方法に影響を与えることになる。

危険に快感を覚える人たちの脳

脳に入ってくる感情に対して最初に反応する領域のひとつに、扁桃体と呼ばれるアーモンド型の構造体がある。扁桃体は脳の両側の半球にそれぞれひとつずつ、合わせて二個あり、両耳の前あたりの頭皮からわずか数センチ下に隠されている。この構造体のニューロンは脅威や不愉快な刺激（ホラー映画、または不快な感情や恐怖の感情を研究する際に科学者が被験者に与えることが多い電気ショック）に強く反応する。扁桃体の反応はとても素早くて――実際には本人が恐怖の対象に気づくよりかなり前に反応する――本人がその対象に注意を払っているかどうかに関係しないことも多い。扁桃体のニューロンは脳の感覚野（たとえば視覚、聴覚、触覚の情報処理にかかわる領域やそのほか多くの領域）につながっている。素早い反応は、扁桃体がこれらの領域の「音量を上げて」、脅威を与えているものをより強く、より正確に、感覚で察知できるようにしていることを意味する。

扁桃体が神経活動に影響を与える場所は感覚野だけではない。海馬にも信号を送る。海馬は、すでに説明してきた通り、新しい記憶形成の絶対的な中心だ。扁桃体が海馬をどのように刺激して記憶の描写を強めているかは、まだ正確にはわかっていないが、何が起きるかははっきりわかっている。たとえば、扁桃体から海馬への神経の接続が断たれると（無情な科学者が、扁桃体と海馬のあいだの連絡を仲介する受容体をつまらせる薬物を投与することで、最も一般的にこのような状態になる）情動記憶が威力を失ってしまい、ありふれた日常の記憶と同じ扱いを受けるようになる。これはたとえば、ファーストキスを、最初にマグロを食べたり平凡な靴を履いたりといった、ごく日常的なはじめての出来事として記憶するということだ。

扁桃体が損傷を受けるか、その動作が異常をきたすと、さまざまな副次的影響が起きる可能性がある。たとえばこの小さな神経のアーモンドが危険な状況に反応しなければ、いつもよりはるかに大きい危険に直面する羽目になる。その好例は過剰なスリルを求める人で見られるだろう――ベースジャンパー（パラシュートをつけて崖や高層ビルから飛び降りる命知らず）や、エクストリームスキーヤーなどだ。これらの変わり者ともっと気の小さい私たち凡人をくらべてみたところ、習慣的に危険を冒している人たちの扁桃体の反応が異常であることがわかった。彼らの扁桃体のニューロンでは、平均的な怠け者が危険な状況に陥ったときのように、発火速度が高くならない。その代わりに、喜びと報酬に関係する脳の別の領域が積極的に関与することがある。それらの神経反応は、考えていることが明らかになる生理学的証拠となり、命知らずのスポーツマンたちは恐れを知らないばかりか（扁桃体の反応が不足する）、危険に快感さえ味わっている（報酬に関連する領域が関与する）ことがわかる。これらのデータがもし信頼できるものなら（まだ数人のベースジャンパーで研究しただけなので、「もし」はかなり頼りないものではあるが）、これらの男たちが同じ場所で前に怪我をしたことがあっても悲惨な経験をしたとしても、何度でも崖や滝やスキーのジャンプ台のてっぺんに戻っていく理由の説明に大きく前進できることになる。

扁桃体の損傷で見られるもうひとつの一般的な副次的影響に、ほかの人の顔の表情から感情を見分けられなくなるものがある。このような問題を抱えた患者にとっては、恐怖や脅迫的な表情が最もわかりにくい。大した問題ではないように聞こえるかもしれないが、人と意志の疎通をはかる上では実際問題としてこれらの手がかりがとても重要だ。たとえば誰かが自分を脅しているなら、そのことがわかるのは確実に身のためになる。同じように、近くで誰かが恐怖を感じることが起きているなら、その人たちが怖がっていることに気づくのはやはり身のためになる。自分自身の恐怖に対する反応が鈍っているならなおさらだ。ほかの人から得るヒントだけが、猛獣のおいしい（ＢＭＩ［肥満度を示す体格指数］によっては筋っぽい）ディナーとしてわが身を捧げるような事態から救ってくれる。

扁桃体と海馬の同時発火

もちろん記憶は、起こることを永久不変の記録として刻んではくれない。ゾッとするかもしれないが、記憶は柔軟で、影響を受けやすく、時とともに進化する。情動記憶が特別なのは、平凡な描写よりもともと強いうえに、時間を経るにつれてさらに強くなることだ。

少なくともベースジャンピングに健全な恐怖を抱く人々では、扁桃体がこのような情動記憶の選択的な軌跡にかかわっていて、単に最初に脳にコード化する方法をコントロールするだけではないことがはっきりしている。その証拠は、事実が起きたあとで扁桃体の反応を操作すると、その出来事がのちにどれだけはっきり記憶されるかを変えられることを示す研究にある。たとえば、ファーストキスの約一〇分後に扁桃体の活動を活性化または抑制する何かを注入すると、その記憶が通常ならもつはずの強い情動記憶としての特別な位置づけを妨げることができる。悲しいことに、この非常に情動的な記憶が生まれた直後に扁桃体と海馬のつながりを遮断すると、ありふれた日常の記憶と同じ速さで忘れられていく（もう一度、はじめてマグロを食べた、または平凡な靴を履いた経験のことを考えてほしい）。このシステムが有用なのは、経験のあとの感情的反応によって、その経験をどれだけはっきり記憶に刻めるかに影響を与えられる可能性があるからだ。石器時代の穴居人を思い浮かべてみれば、狩猟に成功したあとのおいしい食事は、獲物を仕留めるのに使った仕掛けをどれだけはっきり覚えているかに影響を与えただろう。この種の情動記憶がいったん形成されたあと、簡単に書き換えられるかどうかははっきりしない。だからその新しい狩猟のテクニックは、二度と功を奏することがなくても、いつまでも記憶に残り続けるかもしれない。一方、もしその後、同じテクニックを使ってさんざんひどい経験を重ねるようなら、この記憶はだんだんに成功ではなく失敗と関連づけられていくことになるだろう。

記憶の――最初にコード化する時点から次に思い出そうとするまでのあいだの――固定または進化に関するこの話題は、再び睡眠のトピックへと私たちを連れ戻す。感情が伴う記憶は平凡な記憶よりよく覚えられるだけでなく、睡眠によって、より強力に保護される。これは必ずしも、眠る前より眠ったあとのほうが強くなるという意味ではない。ただ、睡眠を経たほうが弱まりにくくなるということだ。実際問題として、ファーストキスの記憶は一〇年たってもまだ鮮やかだろうが、最初は同じくらい覚えていたかもしれないマグロをはじめて食べた記憶は、おそらく一〇年後にはすっかり忘れている。

このような情動記憶の優先的強化または保護について、科学者は不安定な効果と考えている。つまり、残念なことに、かなりの割合の実験で（それほど多くないと言いたいところだが）、優先的な強化はまったく見つかっていない。別の（やはりかなりの割合の）実験では、優先的強化はもっと弱い記憶でのみ明白になっている。これはおそらく、強い記憶は固定中に強化されなくても残るからだろう。しかし効果が見られる場合には、情動記憶に対する有効性は持続的なものになる。ある実験によれば、子どもの殺人に関する悲痛な物語を読んだあとで眠ることを許された人たちでは、目を覚ましているよう指示された人たちにくらべ、不快な記憶の優位性が四年後でも、際立って高かった。[1]

では、睡眠中には、特に情動記憶を保護するような何が起きるのだろうか？　ほんとうのことを言うと、まだわかっていない。それでも、情動記憶もふつうの記憶と同じように睡眠中に再活性化されて再生され、この再生が脳でのコード化の方法を変化させることで優先的な強化に役立っていると考えるのが妥当だろう。この過程にはレム睡眠が重要であることを示すヒントはたくさんある。第一に、夜明け近くのレム睡眠の割合が高い睡眠は、情動記憶の優先的な固定を促しているように見える。眠りに落ちてまもない、レム睡眠がほとんど含まれていない睡眠は、この過程にとって重要ではないようだ。さらに、レム睡眠中には、ニューロンすべてが四ヘルツから八ヘルツという特定の周波数（シータ帯域）で発火する状況が見られるのがふつうだ。特定のレム睡眠エピソード中に観察されるそのような神経活動の大きさから、情動記憶の強化の大きさを予測でき、シータ帯域の活動が多いほど、情動記憶に特化した強化が多いように見える。おもしろいことに、扁桃体と海馬は両方ともレム睡眠中に多かれ少なかれ熱狂し、通常の覚醒中に観察されるよりはるかに高いレベルの神経発火を見せる。しかも、この熱狂した活動の一部での振動（シータ帯域の振動）は位相固定されている。つまり、扁桃体と海馬のニューロンが基本的に同時に発火している。そのような状態は、覚醒中にはほんとうに刺激的な経験をしているあいだの脳でだけ見られる。これが何を意味しているかを理解するのは難しいが、神経科学者の大半は、相互に強い結びつきのあるふたつの脳構造が同時発火しているのは、それらが協力して働いていいるしるしだと考えている。扁桃体と海馬は、感情を伴う出来事がその場で海馬に保存されているとき（覚醒中にほんとうに刺激的な経験をしているときなど）と、それをあとで思い出そうとしているとき、ともに力を合わせて働くことがわかっている。そのため、レム睡眠中にもそうして連絡を取り合っているという事実は、眠っているあいだにふたつの構造体が何らかの方法でその記憶の神経描写に働きかけている、または処理していることを示唆する。その研究はまだこれからだが、扁桃体と海馬のこの緊密な連絡は情動記憶がレム睡眠中に再生されるときに起き、感覚を処理するために必要不可欠なのではないかと、私は推測している。これらの構造体のあいだで連絡が密になることによって情動記憶が優先的に強化され、多くの場合はその結果として扁桃体の反応が強まり、連結性が高まり、より思い出しやすくなる。これは睡眠後に感情的な出来事を思い出すとき、よく観察される状態だ。

凶器注目効果

睡眠が情動記憶を優先的に扱うのは、大切なことをただ強化したり保護したりすることに限らない。睡眠は活発に差別を実行し、一部の記憶を強化するとともに、残りは無視するか、積極的に抑制することさえあるという証拠が見つかっている。このように考えていくと、睡眠中に実行される神経処理は、情動記憶とあまり重要ではない記憶や注目を引かない記憶とのトレードオフらしい。たとえば、自分が今、武器をもった強盗に襲われていると想像してみよう。目に入る一部のものはとても重要だ——たとえば強盗が手にしている銃、それをこちらに向ける様子、逃げられそうな道筋など。おそらくそういうものは記憶に残る。でもそのほかの細かいこと、たとえば周辺の建物の色や背景の音、頭上に茂った樹木の種類、遠くを通る人などは、それほど重要には思えないだろう。そもそも、こうした細部のために海馬のスペースを割くとは思えない。このように、ある場面のなかで最も重要な、または際立った項目を記憶し、あまり重要ではない細部を忘れる（または気づきさえしないかもしれない）ことを、「凶器注目効果」と呼ぶ。

凶器注目効果の初期の研究では、記憶に関する一般的な実験だと伝えて二グループの被験者に参加してもらった。だが実際には、とても劇的なシミュレーションが行なわれた。一方の状況では、ボランティアたちが待合室で待っていると白熱した議論の声が聞こえてきて、それから色鉛筆を手にもった男が出ていくのを目にした。もう一方の状況では、ボランティアたちは同じ待合室で待っていたが、今度は議論ではなく、乱暴な口げんかをしながら家具を振りまわす音が聞こえてきて、それから血のついたペーパーナイフを手にもった男が出ていくのを目にした。その後、一連の写真から目撃した顔を選んでもらうと、色鉛筆を手にした男を見たボランティアのほうが、血の付いたペーパーナイフを手にした男を見たボランティアより、男の顔を正しく覚えている割合が高かった（前者が四九パーセント、後者が三三パーセント）[2]。凶器注目効果でほんとうに興味深いのは、人々が凶器について詳しく記憶していることではなく――それは容易に予想がつく――凶器がない場合にくらべて、そのほかの詳細をあまりよく覚えていない傾向があることだ。これは資源に限りがあるせいで、私たちは状況のあらゆる部分に注意を傾けることはできず、目にしたことすべてを記憶固定して保持することはできない。何かが非常に重要なら、もっている資源の大きい部分がそこに注がれてしまい、重要性の低いことは記憶に残りにくくなる。

睡眠がこのトレードオフに役立っているように見えるのは興味深い。注意を引く中心要素と平凡な周辺要素の両方を含んだ情動記憶の研究は（たとえば、ごくふつうの郊外の道で事故を起こした自動車の写真などを使用）、睡眠によってこのトレードオフが進むことを示している。被験者が眠ったあとには、自動車事故のことをよりよく思い出せるだけでなく、背景の道については見分けがつきにくくなる。睡眠はまるで、ほんとうに重要な記憶を固定する働きをする一方で、重要性の低い情報を消して、大事なことのためにスペースと資源をあける必要もあるかのようだ。重要でない記憶をこのように切り捨てることは、ひとつには、第5章で説明したシナプス恒常性モデルに関係すると考えることができる。睡眠中のシナプスのダウンスケーリングは接続を物理的に減らしているだけではなく、不要な記憶も削除している可能性がとても高い――恐ろしい交通事故が起きた背景のありふれた記憶が、おそらくこのカテゴリーに当てはまる。徐波睡眠中に起きるシナプスの大幅な減少には、思い出すときのラジオの信号でふつうは雑音になってしまう不要な記憶を、並行して削減する作業も関係しているにちがいない。

重要だと思うことは眠った後に記憶を強める

睡眠によって記憶が強められるか弱められるかを決定できるのは感情だけではない。単純に何かが重要だと信じることも（たとえば次の日にテストがあると通告されるなど）、睡眠中に起きる記憶の固定に大きい影響を与えるようだ。ある研究ではこれを調べるために、異なる状況で二組の情報（対にした単語の一覧表を二つなど）を覚えるよう被験者に頼んだ。一方では覚えたことを次の日にテストすると伝え、もう一方では伝えなかった。もちろん実際には、両方のグループですべての情報についてテストしたわけだが、ひと晩眠ったあとで成績の向上が見られたのは、眠った翌日にテストがあるとわかっていたグループだけだった。学習した内容をテストすると前もって伝えられたグループでは、被験者の記憶が選択的に向上したばかりではない。最初に学習してからその後のテストまでのあいだに経験した睡眠の特徴――徐波と睡眠紡錘波（第1章で、湖に飛び込んでは水のなかで少しのあいだバシャバシャ暴れる子どもにたとえた、周波数が一〇～一五ヘルツの波）の量など――からも、このような成績向上を予測できた。それに対して対照群では、睡眠のパターンとその後の記憶の成績に関連性は見られなかった。記憶を想起（検索）する見込みを伝えるというこの小さなしかけは、指タッピングや物の位置の記憶など、いくつかの種類の記憶に功を奏する。[3] 別の研究では、被験者が個々の単語を覚えるか忘れるように指示された場合にも、よく似た効果が生まれることがわかった。九〇分の昼寝は、「覚える」よう指示された単語だけで記憶を促進し、この場合も睡眠紡錘波によって記憶の向上を予想できた。[4]

一般に記憶固定の過程は、睡眠も含めて、重要と思われる情報に選択的にターゲットを定めるようだ。記憶の重要性は、対象となる素材の情動性だけでなく、その情報が重要だという単純な認識やあとで利用するという自覚によっても影響されることがあるので、覚えようとする個人の認識によって決まる可能性がある。

レム睡眠と鬱の原因

興味深いことに（そしておそらく残念なことに）、鬱病の患者の睡眠では通常よりレム睡眠が長くなる傾向がある。レム睡眠によって実際に保護されているように見えるのは不快な記憶だ。よい記憶にはあまり影響がなく、あるとしても大きい保護の効果は見られていない。そのため、もしも睡眠が選択的によい記憶を保存して消えないようにするにしても、不快な記憶に対するほど大幅な影響を与えているようには思えない。過剰なレム睡眠は鬱を悪化させている可能性があるだろうか――または少なくとも、自分の身に降りかかった悪いことすべての記憶を選択的に強める一方で、もっと楽しい（またはふつうの）思考は消えていくにまかせることによって、落ち込んだ状態から抜け出せないようにしている可能性があるだろうか？

抗鬱剤の多くはレム睡眠を抑制する——それは患者が鬱を克服するのを助けられるメカニズムのひとつとされている。抗鬱剤は一般的に選択的セロトニン再取り込み阻害薬（ＳＳＲＩ）で、その名が示す通り、セロトニンがシナプスから回収されて貯蔵庫に収納されないようにする。ＳＳＲＩの根本的な効果は、シナプスで使用できるセロトニンの量を増やすことだ。セロトニンは「快楽」を生む神経伝達物質だから、その濃度が高くなれば気分は向上する。増えたセロトニンは「ＲＥＭ-ｏｎ」細胞（レム睡眠の状態を引き起こす細胞）を抑制するので、レム睡眠も阻止する（第4章を参照）。

実際のところ、レム睡眠ではおもな抑鬱障害に関連する脳のアンバランスの一部が再現される。鬱では、辺縁系と前頭前皮質腹内側部が過剰に活性化する一方で、通常はこれらの領域の反応を調整する前頭前皮質背外側部が抑制されてしまう。このパターンは自己強化サイクルの特性をもっている。扁桃体と前頭前皮質腹内側部での異常に強い負の反応を、前頭前皮質背外側部によって実現されている認知戦略（たとえば環境の再評価）を通して抑制することができないからだ。前頭前皮質背外側部と扁桃体とのあいだのこのトップダウンのつながりを直接調べたある研究では、睡眠不足によってこれらの構造体のあいだのつながりが基本的に断たれ、被験者が不快な写真を見ると扁桃体の過剰な反応が起きた。[5] 睡眠を十分にとれているときには皮質領域が明らかに扁桃体を抑制できていたが、睡眠不足になると、この気まぐれな小さい構造体を調整する機能が失われてしまうようだった。もちろん、だからと言って睡眠が鬱の問題の一部ということにはならない——ただ、睡眠の異常によってこの大切な抑制のつながりが変化し、その変化は鬱を引き起こす可能性のあることがわかるので、睡眠が感情の調整に果たす役割に関する興味深いヒントとなる。

レム睡眠は不快な記憶を強化するだけでなく、目を覚まして活動している日中にゆがめられた感情的な反応を修正するとも考えられている。さまざまな感情（喜び、恐怖、悲しみ、嫌悪、怒り）を表す顔の写真を用いて、これを調べる研究が行なわれた。ごくふつうに目を覚ましたまま一日を過ごしたあとでは、被験者は怒りと恐怖を示す表情の顔に過度に否定的に反応するが、レム睡眠を少しとったあとには過剰な反応は消えた。[6] また、鬱状態でレム睡眠が増えると、ふつうは徐波睡眠が減り、慢性的な徐波睡眠不足の状態になる。たいしたことには聞こえないかもしれないが、自分が深刻な睡眠不足に陥ったときどう感じたかを考えれば、その重大さに気づくだろう。その答えは、「あまり気分がよくない」（または悪い）となるにちがいない。睡眠不足になるとどう感じるかの研究の結果を見ると、怒りっぽくなって先の見通しがより悲観的になるせいで、いやな出来事への神経反応が増幅し、楽しい出来事への反応が鈍ってしまう。もっと微妙な体の反応も睡眠不足の影響を受ける。たとえば、楽しい写真や悲しい写真への瞳孔拡張反応がより大きくなって、調整に失敗していることがわかる。

これらすべてが、背外側および内側前頭前皮質によって調節されている感情的な反応のシステムをリセットするためには、睡眠が必要であるという証拠とされている。このような調整異常のパターンは、睡眠パターンの変化を特徴とする鬱などの精神障害で観察されてきた。鬱でのレム睡眠の増加と徐波睡眠の減少のこのような因果関係は、まだはっきりしているわけではないが、気分障害の治療に関して睡眠は未踏の領域であるため、精神科医にとってはその発想そのものが刺激的だ。

まとめ

この章では、睡眠が平凡な記憶よりも情動記憶をさらに強化することを説明した。これにはとりわけシータ帯域の脳波を含むレム睡眠が重要と思われ、鬱状態の人ではレム睡眠の割合が通常より増えるため、不快な記憶の過剰な強化が鬱の問題の原因となるのかもしれない。レム睡眠中の不快な記憶の過剰な強化が鬱の状態を引き起こし、そのまま抜け出せないようにしている可能性がある。効果的な抗鬱剤の多くは実際にレム睡眠を抑制しており、それらの薬剤は不快な記憶が害を及ぼすほど過度に固定されるのを防ぐことで鬱と戦っていると考えることもできる。睡眠はまた、感情的な反応を再調整する役割も担っている。感情的な反応は、日中に疲労がたまるにつれて否定的になるらしく、夜遅くなってくると自分が不機嫌になると感じる人には心当たりがあるだろう。

ひと言で言うなら、睡眠は私たちが最も大事な記憶を失わずにいられるよう、また日中に出会う刺激に適切に反応できるよう、懸命に働いているようだ。では、身に降りかかった感情的な出来事を私たちが実際にどう感じるかについて、睡眠はどんな影響を与えているのだろうか？　次の章ではこの点を詳しく探るとともに、なぜこれが大きな議論の的になっているかを説明していく。

第10章 睡眠は心の傷を癒す？

きょうの日中に、恐ろしい事故を目撃してしまったと想像してほしい。高速道路を運転していたら、すぐ前を走っていた二台の車が衝突し、車から人が出てくる気配がなかった。あわてて救助に駆けつけ、一台の後部座席から小さな女の子を何とか外に出したが、意識がなく、出血もしていた。できることはすべてやったものの、ようやく救急隊員がやってきたとき、それもすべて無駄だったとわかった――女の子は腕のなかで息を引き取っていた。これは心を深く傷つける経験となり、心に焼きついた恐ろしい場面はなかなか消えることはないだろう。このことを何人かの友だちに話すと、少しだけ気が落ち着いたが、会話はいつも「少し休んだほうがいいよ。そうすれば気分もよくなるだろうから」という役に立たない忠告で終わった。ひと晩眠れば、ほんとうにこの恐ろしい出来事に対する感情を和らげることができるのだろうか？　睡眠と記憶の研究分野での新しい理論のひとつが、そうなることを示唆している。オーバーナイト・セラピー仮説は、レム睡眠中の活発な処理によって不快な記憶が効果をなくすとするものだ[1]。誰でも朝は爽快に感じるものだと思っているだろう。それはほんとうだろうか？　恐ろしい事故の場面が頭にあっても、同じことが言えるだろうか？

少しのあいだ一歩下がって、感情が脳内でどんなふうに働いているかを広い視野から見てみることにしよう。このことをはっきりさせてから、オーバーナイト・セラピーという考えに関する賛否の証拠を見ていく。

脳の側頭葉の奥深くにあるアーモンドのような扁桃体は、とても大まかに言うなら、恐怖検知器と考えることができる（ただし、怒りなどのほかの感情にも反応し、幸せな気分にさえ反応する）。扁桃体は感情的な状況に瞬時に反応し、何か恐ろしいことや動揺することを経験すると、ただちに神経発火の速度を大幅に上昇させる。この小さな構造体は体内で次に何が起きるかに大きな影響を及ぼすが、生理学的反応という観点では、早期に反応する体の部分はここだけではない。外からの刺激に心の底から驚くと、体のさまざまなシステムがただちに迅速な行動の準備にかかる。これはよく「戦うか逃げるか」の反応と呼ばれる。猛然と危険に立ち向かうか、またはその場を逃げ出して危険を免れるか、どちらかの行動を起こす準備を整えるからだ。行動に備えて血液が皮膚と臓器から筋肉に送られ、おそらく光をより多く取り入れるために瞳孔が広がる。心臓が高鳴り、髪が逆立つ。おもしろいのは、これらがすべて、自分で感情に気づく前に起きていることだ。

脳がこうしたさまざまな体の反応に気づいてその意味を解釈するまで、本人は実際には恐怖

（幸せ、悲しみ、その他）を感じていないという証拠がある。もしこれが正しいとすれば、感情は実際には体の状態を読み取った内容から、直接生まれていることになる。[2] ここで興味をそそられるのは、体が反応しなければ何も怖いとは感じられないという点だ。奇妙に思えるかもしれないが、この考え方こそがオーバーナイト・セラピー仮説の基礎をなしている。

オーバーナイト・セラピーとレム睡眠

では、オーバーナイト・セラピーはどんな効果をもっているのだろうか？　増加した心拍数、くいしばった歯、ひきつった臀部――恐怖に対する無意識の体の反応と考えられるものすべて――は、大部分がノルエピネフリンと呼ばれる神経伝達物質によってコントロールされている。ノルエピネフリンがなければ、ほんとうに恐ろしい状況に陥っても、体に恐怖心を引き起こす反応は起きない。そしてここが大事なところだが、脳内のノルエピネフリンの濃度はレム睡眠中に最も低くなる。そのため、レム睡眠中に記憶が再生されるとき、それがどんなに恐ろしいものでも通常の体の反応を呼び起こさない。ただ単に、それを引き出すにはノルエピネフリンが不足しているためだ。言い換えれば、レム睡眠中に恐ろしい出来事の夢を見ても、感情システムはいつものように反応できない。オーバーナイト・セラピー仮説は、この種の感情を伴わない再生によって、記憶の内容は強化されるかもしれないが、感情的な面はすっかり失われるはずだとする

（十分な回数だけ再生されるとして）。

オーバーナイト・セラピーは、概念が整然としているからだけでなく、証拠となる事例が多いこともあって魅力のある考え方だ。私たちは誰でも、動揺しているときにひと晩眠ることの治療効果を経験しているし、いざこざにはたいてい「ひと晩寝て考えて」からもう一度向き合うほうがよいことも知っている。睡眠は明らかに、すり減った神経を落ち着かせ、怒りを鎮め、俯瞰的な視野をもたらし、難しい感情的な状況を広く緩和するのに役立つ。これは忘れられない出来事を処理するのに理想的な方法のように思える。

とは言うものの、感情的な記憶が睡眠中に優先的に強化されることが多い証拠はふんだんにある（第9章を参照）。オーバーナイト・セラピーの支持者たちは、睡眠をとると動揺した出来事の記憶はたしかに前より鮮明になっているかもしれないと指摘して、この問題を巧みに避けているが、ただそうした睡眠後の記憶は、睡眠による処理を経なかった場合と同じような感情的反応を引き出さないと説明する。レム睡眠での再生の結果、記憶から感情的な内容が切り離されたという考え方だ。最近の研究で、この理論を支持する結果が出ている。その研究では、事故や外科手術の場面、醜い外傷など、大きな心の動揺を生む一連の写真を被験者に見せた。[3] そのほかに、風景、部屋の様子、くつろいでいる人などの中立的な写真と、遊んでいる子ども、仔猫や仔犬、おいしそうな食べ物（チョコレートケーキ、アイスクリームサンデー）、キスをしているカップルなどの幸せな場面の写真もあった。被験者には、ひと晩の睡眠の前とあとに、それぞれの画像に対して感じる感情的な強度を評価してもらった。その結果は不思議にも、睡眠のあとでは、同じ場面を見ても感情的強度を小さく感じたことを示していた。写真を見たときの扁桃体のニューロンの反応もやはり睡眠後には明らかに小さくなり、さらに（おそらくこれがもっとも興味をそそる点だが）これらの変化はレム睡眠中に見られた周波数二五〜一〇〇ヘルツまでの神経発火から予測できるものだった。この周波数の神経発火（ガンマ帯と呼ばれるもの）は神経伝達物質ノルエピネフリンの濃度を表すマーカーなので、この相関関係は、レム睡眠中にシステム内のノルエピネフリンの量が少なければ少ないほど、写真が感情的な影響を失う度合いが大きくなることを示した。ずっと目を覚ましていた一日のはじめと終わりにも同様の感情の強さを調べたが、被験者が写真を見てどのように感じるかに具体的な変化は見られなかった。

オーバーナイト・セラピーという考え方のほんとうに興味深い観点は、心的外傷後ストレス障害（ＰＴＳＤ）のような病状に関連するものだ。戦場から戻った兵士や恐ろしい事故を目撃した人をはじめ、さまざまな人たちがこの疾患に陥る。フラッシュバックがときを選ばずに現れたり、睡眠障害に悩んだりし、眠ればその経験に関する恐ろしい夢に悩まされることも多い。簡単に言うなら、ＰＴＳＤでは非常に刺激的で（動揺させる）不快な記憶が何度でもわずらわしく思い出され、その結果として結婚生活や日常の暮らしが破壊されて長期の鬱状態が起こり、自殺に追い込まれることさえある。もしレム睡眠がほんとうに感情的な反応から最初にあった恐怖の記憶を切り離すのに役立つなら、ＰＴＳＤの患者ではその役目をきちんと果たしていないのは明らかだ。システムのどこかが故障してしまったことになる。
前にも述べた通り、神経の処理について確かめるには、ときにその処理に不可欠な部分を失った人がどのような状態かを調べる方法が最適だ。睡眠中にレム睡眠を経験できない人たちがいて、このようなレム睡眠欠乏が起きると、ＰＴＳＤのリスクが高まることがわかっている。[4]
レム睡眠中の夢を通して恐ろしい出来事を追体験することの利点のひとつは、神経伝達物質ノルエピネフリンの濃度が低いことだと説明した。さらに、レム睡眠中にノルエピネフリンの濃度が通常より高いと、ＰＴＳＤのリスクが高まることが明らかになっている。[5] このことは、まるでパズルのピースがピタリとはまるように、オーバーナイト・セラピーの考え方に合致する。ノルエピネフリンの濃度が高ければ、感情に対する無意識のうちの体の反応（脈拍数の増加や瞳孔の拡張）が減少しないことになる。そのため、レム睡眠中のノルエピネフリン濃度の異常に高い値によって、記憶の再生時に記憶から感情的な要素を切り離せなくなる。でも、ちょっと立ち止まって考えてみよう。ここでは記憶の再生時に自律反応（脈拍数の増加や瞳孔の拡張など）を伴うか伴わないかによって、あとで思い出すことに違いが生じるかどうかという問題を論じているということだろうか？　再生によって感情が切り離されるかどうかは別として、そもそも記憶を再生するだけで、その記憶を永遠に変化させることができるのだろうか？　記憶というものはどちらにせよ、ある程度は固定されて頑丈なものではないのだろうか？

記憶の再固定化——嫌な記憶を削除する

この質問に答えるためには、記憶の再固定化と呼ばれる概念について話しておく必要がある。記憶は、時間と睡眠を通して進化するものだ。脳に描写される方法は変化し、ほかの記憶や一般知識と統合される方法も変化し、もちろん忘れられることもある。私たちがこの記憶の進化に影響を与えたりコントロールしたりできるかどうかは、興味をかきたてる疑問を提起する。自分の記憶を思い通りに作れたらどんなに素晴らしいか、想像してみてほしい（正確な記憶にはならないかもしれないが、あとになって楽しめるし、自尊心を高めることさえできるかもしれない）。

記憶の再固定化というのは、私たちが記憶を使うたびに、その記憶は不安定になり、壊れやすくなるという考え方だ。そのため、自分で半ばコントロールできる方法で記憶を変えられるメカニズムの可能性を示している。記憶の再固定化を理解するには、まず記憶は図書館の本のようなものだと考え、脳の奥深くの暗闇に長年にわたって保管されたまま、いったん保管されるとほとんど変化しないものだとみなす必要がある（ただし、少しずつ腐って朽ちていき、必要なときに見つけられる可能性はどんどん減っていく）。このようなささやかな危険がある以外、書架に入っているあいだはとても安全だ。ところが使うために思い出して持ち出すと、これらの本は傷つきやすくなる。ときには少し書き換えられたり落書きされたりし、ときには書架に戻される前に関係のある本とまとめられ、ときには破損したり、なくなったりする。再び書架に戻すのは能動的な処理で、失敗すると大変なことになって、記憶は完全に失われてしまう——たとえば書架に戻す人手が足りない場合や、間違えた場所に戻してしまう場合だ。このたとえ話のふたつの要素——記憶は想起（検索）されると変わりやすくなること、そしてもう一度保管するのは能動的な処理で、混乱する可能性があること——が、記憶の再固定化の本質をとらえている。

こうした記憶の不安定さを示す現象はラットで幅広く研究されてきた。この毛むくじゃらの生き物が関連性——たとえばビープ音と直後の電気ショックの関連性——を学習すると、通常は数か月間にわたって記憶が保たれる（ビープ音が聞こえても電気ショックがない経験を数多くしなければの話だが）。この種の記憶を利用して再固定化を研究した、よく考えられた実験がある。[6] その実験では、ふたつのグループのラットに「条件刺激（CS）」と呼ばれる特定の音を「無条件刺激（US）」と呼ばれるショックと関連づけるよう学習させた（図25）。ラットがこれをきちんと学習したかどうかは、ビープ音を聞くたびに差し迫った苦痛への恐怖で身を固くするので容易にわかる。学習してから一四日後に、細胞が記憶の固定に必要なタンパク質を合成できないようにするアニソマイシンという物質をラットの扁桃体に注入した。このとき、一方のグループのラットには注入の約四時間前にもう一度（ショックを伴わない）ビープ音を一回聞かせ（図25の上）、もう一方のグループには何も聞かせなかった（図25の下）。注入から二四時間後に、ビープ音が恐怖であることを記憶しているかどうか、すべてのラットをテストした。すると訓練したあとに一度も音を聞かなかったラットは、いつものように恐怖を示した。ところが驚くことに、注

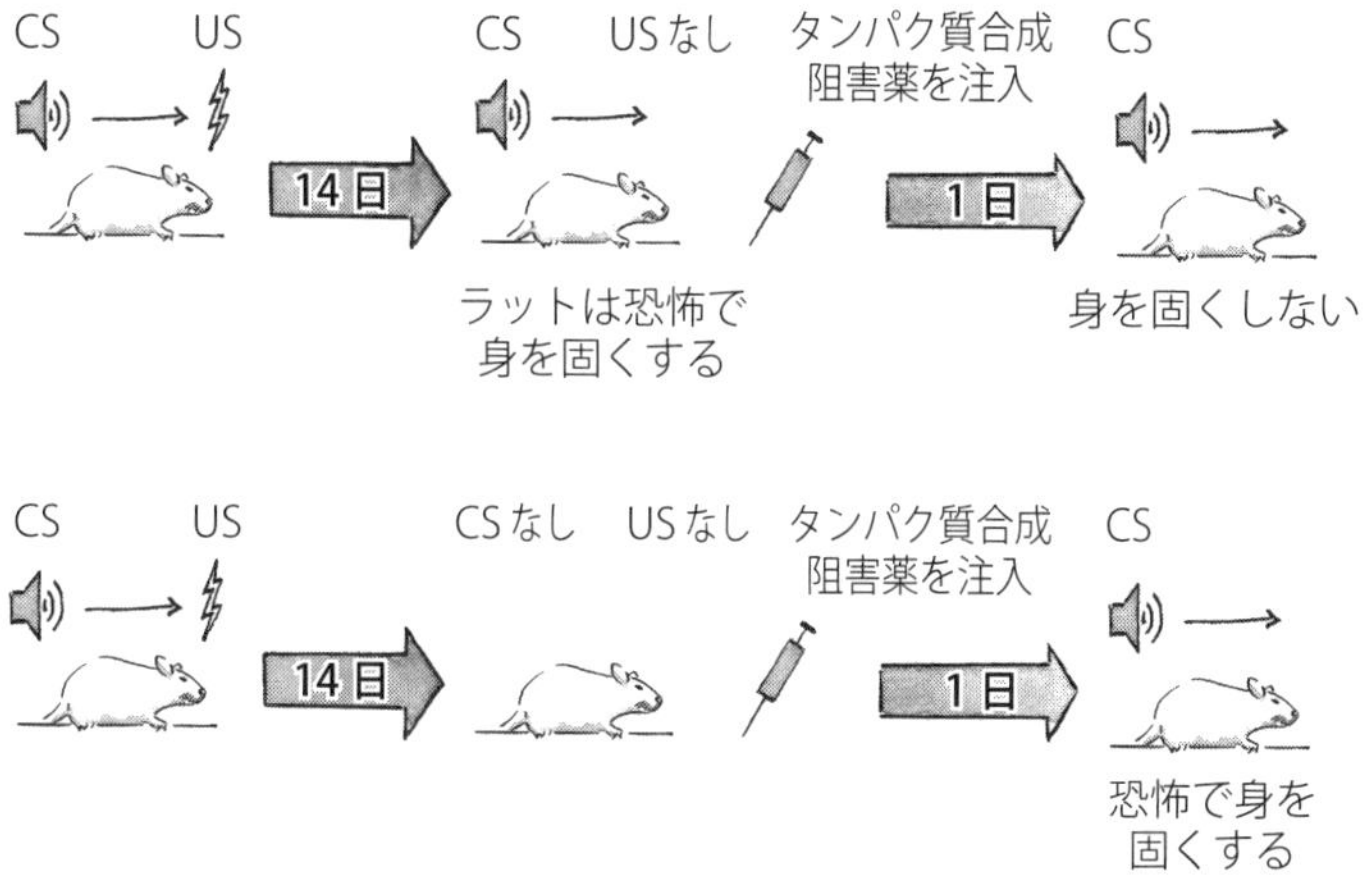

図 25 ラットに条件づけられた恐怖の再固定化。

入の前に音を聞いたラットは電気ショックとの関連づけをやめていた。そのグループのラットは、一五日目にビープ音を聞いたとき、恐怖をまったく示さなかったのだ。この記憶喪失はアニソマイシンを注入しないラットには見られなかったから、単にショックを伴わないビープ音を聞いたから恐怖ではないと学んだという単純なものではなかった。

では、ラットのふたつのグループでなぜ違いが生じたのだろう？　アニソマイシン注入前にビープ音を聞いただけで、何を記憶するかに、ほんとうにそれほど大きな影響があったのだろうか？この研究を行なったマギル大学のカリム・ネイダーと同僚たちは、影響があったと考えている。彼らの考えは次のようなものだ。ビープ音を聞くことで（本を書架から取り出すように）記憶が想起されたが、ラットがもう一度これを保管しようとしたとき、保管することができなかった。記憶の固定には新しいタンパク質が必要なのに、アニソマイシンの注入でタンパク質が合成されなかったからだ。要するに、薬剤の注入によって本が書架に戻されなくなったため、記憶が失われ、忘れられてしまった。アニソマイシン注入前に音を聞かなかったグループの場合は、記憶を想起しなかったから、こうした問題は起きなかった。本は書架に安全に保管されたままになっていたので、アニソマイシンはまったく影響を与えなかったことになる。この驚くべき観察結果——記憶がいったん再活性化されると、もう一度記憶するには能動的な処理が必要になること——から、記憶の再固定化と呼ばれる概念が導かれた。

少なくともラットでは、記憶が想起されたあとではいくぶん壊れやすくなるように見える。だがなぜこのことが重要で、人間にとっては何を意味するのだろうか？ この記憶の不安定性が重要なのは、記憶は変化する可能性があるということで、それはときに非常に重要な意味をもつからだろう。私たちにはよく、知識を更新したいことや（たとえば、友人グループのなかで、あるふたりが三年間カップルだったが、今では別れてしまい、女性は誰かほかの人とつきあいはじめた場合を想像してみよう）、以前は無関係だった概念を結びつけたいことがあり（その女性は、実は別の友人グループに属している仲間とつきあいはじめたから、今ではその友人グループの一員にもなった）、またときには不要な要素を削除したいことさえある（たとえば前にあげた腕の中で息を引き取った女の子の記憶のように、ほんとうに恐ろしい記憶にまつわる不快な感情など）。記憶の再固定化の概念が現実に有用だとみなされた理由は、不要な情報の削除という側面にある。再固定化を利用すれば、あまりにも嫌な記憶の最も不快なところを、選択的に消去できるように見えるからだ。

実を言うと、臨床医がすでにＰＴＳＤの治療に記憶の再固定化を使いはじめている。この種の治療では通常、レム睡眠のような眼球運動と、患者が忘れようとしているトラウマの場面を想像する会話療法の組み合わせを利用する（訳注：ＥＭＤＲ［眼球運動による脱感作と再処理治療］と呼ばれる）。眼球運動がこの療法でどのような役割を果たすかはよくわからないが、記憶に伴う感情に関連する生理学的な反応を最小限にとどめるのに役立つとする意見がある。この方法の参加者は、トラウマの記憶を、それに関連づけられた自律反応を引き起こすことなしに思い出すことができる（ノルエピネフリンの濃度が低いレム睡眠中で再生するようなものだ）。そのため、感情をかきたてる程度を低く抑えながら、新しい記憶固定によって古い記憶を置き換えることが可能になる。眼球運動と生理学的反応低下のつながりはやや不透明なものの（多くの人が眼球運動を不要と論じていることもたしかだ）、この治療は驚くほど効果が高く、一部にはたった一回の治療で深刻なＰＴＳＤが完治した例もある。そうした結果は、記憶の再固定化によって人の記憶を変えられること、とくにＰＴＳＤで問題を引き起こしているトラウマの記憶を変えられるという説得力のある証拠になっている。

では、記憶の再固定化は睡眠とどんな関係があるだろうか？　そこには実際に強いつながりがある。カリフォルニア大学バークレー校のマット・ウォーカーとその同僚が行なった研究では、睡眠の前に記憶を想起すると、その後の睡眠中に記憶を固定する方法に影響を及ぼせることがわかった。[7] この研究ではタンパク質合成阻害薬を注入する代わりに、干渉の手法を用いている。つまり、最初に学習した記憶ととてもよく似ているが、まったく同じではない別の記憶を学習して、最初の記憶の邪魔をする。全体の手法は次のようなものだ。一日目に、被験者は決まった順序で指を叩くこと（指タッピング）を学習した（たとえば、小指から人差し指までの指先に番号をつけて、4-1-3-2-4という順序のタッピングで、これを順序Aと呼ぶことにする）。被験者はこの順序でできるだけ速くタッピングしなければならない。どれだけ速くできるかを確かめるテストの前には、練習する時間が与えられた。第1章で、ひと晩の睡眠によってこの順序を固定できた被験者の速さが向上したことを覚えているだろう——事実、最大二〇パーセント速くなる（図26a）。この研究の場合は、被験者が順序Aを学習しただけでなく、第二の順序（ここでは順序Bと呼ぶ）も学習した——たとえば3-2-1-4-1のタッピングだ。ここで問題は、ふたつの順序を続けて学習すると最初の内容が二番目の内容に干渉されてしまうことで、ひと晩眠ったあとも最初の順序の速さは向上しなかった。ところが、一日目に順序Aを学習し、二日目に順序Bを学習すると、三日目には両方の順序で向上が見られた（図26b）。ここで重要なポイント（そして記憶の再固定化とのつながり）が見つかっている。一日目に順序Aを学習し、二日目に順序Aを一回だけ練習してから順序Bを学習すると、三日目には順序Aで向上が見られなかったのだ（図26c）。ややこしいかもしれないが、図を見ながらもう少しよく考えてみよう。

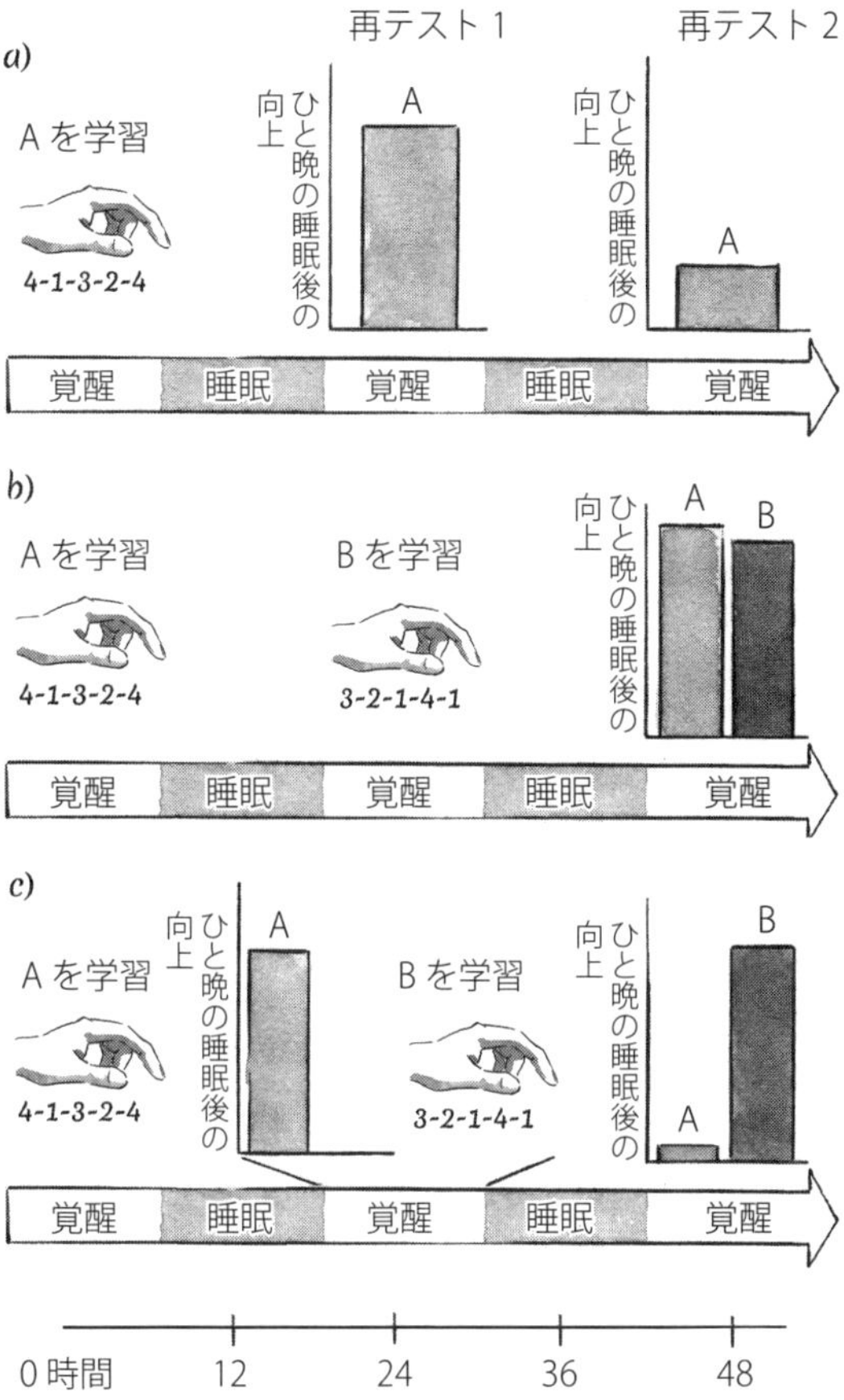

図26　2種類の指タッピング順序による干渉で実証された、人間での記憶の再固定化。

よく考えれば、これ（図26c）はラットに音と恐怖の関連性を思い出させた直後、その扁桃体にアニソマイシンを注入した前出の実験と同じようなものだ。順序Aの記憶が（たとえ短いあいだでも）心の書架から呼び戻され、棚に戻せないでいるうちに順序Bが加わったため、混乱が生じた。しかし順序Aの学習と順序Bの学習のあいだに睡眠をとることができれば干渉は起きない。このことは、順序Bを学習する前に、睡眠によって順序Aを完全に書架に保管できた（または睡眠がその保管を促進した）ことを示唆している。

睡眠が記憶を、そう簡単には混乱しないよう固定しているという考え方は、指タッピングだけに当てはまるものではない。第6章で取り上げた記憶の課題を用いて同様の結果を得た、別の研究がある。この課題では、同じ絵を二枚ずつ組にしたトランプのようなカードを八組、四×四の配列で被験者の前に並べた（カードは一六枚あるが、異なる絵は八種類だけということになる）。ゲームのはじめにはカードは伏せて置かれ、どれも裏の同じ模様しか見えない。被験者はカードを一枚ずつ表に返しては裏に戻すことを繰り返しながら、同じ絵がある場所を記憶し、同じ絵を二枚続けて選んで集めなければならない。ゲームを試みる被験者はどこにどの絵があるかという全体像をだんだんに把握するので、やがて毎回簡単に組を作れるようになるわけだが、最初にゲームを試みてから次に同じ配置で並べられたカードで試みるまでのあいだに睡眠をはさむと、記憶が向上する傾向が見られた。このような固定に関連する記憶の強化は、睡眠中にカードゲームの記憶が再生されるよう誘発することでさらに高められる。それは、まず被験者が課題を試みているあいだに特定の香り（この場合はバラの香り）を漂わせておき、そのあと眠っているあいだにも同じ香りを漂わせることで確かめられる（その詳細は第12章を参照[8]）。

これは記憶の再活性化とどのように関係するのだろうか？　もっと新しい研究は、まさにこの理論の枠組みを使用しながら、それに認知的干渉を加えたものだ[9]。まず全員が配列Aに並べられたカードでゲームをし、その周辺にはバラの香りが漂っていた。次に被験者の半数が四〇分の睡眠をとり、残りの半数は目を覚ましたままでいた。この四〇分のあいだには全員が再びバラの香りを嗅いでおり、それによって記憶の再活性化が引き起こされたはずだった。次に、全員が干渉課題（すでに形成された記憶を混乱させることを目的として作られた課題）に取り組んだ。同じゲームをしたのだが、今回はすべての組の二枚目のカードの位置が変えられており、新しい空間配置全体を学習しなければならなかった。おそらくこれは最初の配列の記憶を混乱させただろう。こうして新しい配置を学習したあと、全員が最初の配置でのテストに取り組んだ。さて、干渉課題の前に睡眠をとった被験者と目を覚ましていた被験者のあいだに、どのような成績の違いが生じただろうか？　どちらも新しい配置を学習する直前に、最初の空間配置の記憶描写を再活性化させたはずだから、おそらく干渉を経験している。ところが不思議なことに、干渉課題の前に睡眠をとった人たちは、目を覚ましていた人たちにくらべて最後のテストの成績が著しく高かった。この研究結果も前述の指タッピングの研究と同様、睡眠が元の記憶を安定させ、その後の干渉の影響を受けにくくしていることを示唆する。ただし、睡眠中の記憶の再活性化は、覚醒中の再活性化に予想されるように記憶を不安定にはしないように見える。それどころか、眠っているあいだの再活性化は記憶を安定させる処理を促進しているようだ。

全体として、記憶の再固定化を支持する証拠は非常に多い。記憶は実際に、私たちがそれを使うたびに不安定になり、壊れやすくなる。そのような状態になった記憶は、干渉する新しい学習または保管を抑制する（本を再び書架に戻せないようにする）化学物質によって簡単に混乱させられてしまう。再固定化は記憶を更新する完璧なメカニズムとなる。その一方で睡眠は「防備を固める」ため、つまり干渉への抵抗力を高められるように記憶を強化するために（その後の覚醒中に再活性化されない場合）、必要不可欠のように思える。重要な点として、記憶の再固定化はオーバーナイト・セラピーの概念に不足しているメカニズムも提供する――すなわち、関連のある体の反応を引き起こすことなく睡眠中に記憶を再活性化すれば、記憶から感情的な内容を取り除いて、本質的に記憶の恐怖を和らげることができるというものだ。

理論に対する批判

オーバーナイト・セラピーは、考え方として説得力をもち、記憶の再固定化に関する文献に矛盾なく当てはまるものの、玉に瑕《きず》も存在する。かなりの数の研究で、感情の強度と扁桃体の反応に対して睡眠が期待される効果をあげることを実証できていない。たとえばある研究では、被験者が覚醒していたあとで画像に対する感情的強度が弱まったと評価し、睡眠のあとには感情の評価に変化がなかった。[10] この結果は、睡眠のあとで画像に感じる不快度が減るとするデータに反している。この否定的な研究結果にとりわけ説得力があるのは、レム睡眠の割合が少ない夜の早い時間帯の睡眠の前後に画像に対する感情的強度を評価してもらった、もっと古い研究の結果を支持しているからだ。その古い研究によれば、早い時間帯の睡眠のあとでは、画像によって呼び起こされる感情的反応が弱まるのではなく、強まっていた。[11] 残念ながら、証拠のバランスから見るとオーバーナイト・セラピーの考え方は分が悪い。通常の健康な人がひと晩眠ったあとでは、記憶から感情が失われることはない。事実、最近のラットを用いた実験では、トラウマの原因となる経験をしたあとで数時間にわたり睡眠を剥奪すると、あとでトラウマを思い出す可能性が大幅に減り、場合によっては睡眠が有害な記憶を強化することもあるという結果が得られた。

では、睡眠後には感情の強さと扁桃体の反応が減ることを示した、この章のはじめの興味深いデータはどういうことなのだろうか？　これらの研究結果は現実のもので、見過ごすべきではない。たしかに科学論文に見られるこの種の不一致はややこしいが、刺激的でもある――一見したところ異なるその結果を、どう説明できるだろう？

ひとつの答えとして、記憶に関連したものがある。睡眠後に感情的反応が減るとした研究では、被験者は何も記憶するよう指示されず、記憶に関するテストも受けなかった。それに対して睡眠後に感情が強くなるとともに扁桃体の反応が高まることを示した研究ではすべて、明確に記憶を調べた。それらの研究では、感情に訴える画像やそのような画像に関連した何かを被験者に見せ、あとでそれを記憶しているかどうか尋ねた。つまり被験者たちは、見せられた画像の記憶（および十中八九はその心象）を、積極的に思い浮かべようとしたことになる。感情的な反応を高めるのは、この思い浮かべる行動ではないだろうか？　結局のところ、被験者が睡眠後に画像をよりよく記憶しているなら、それについてどう感じたかもよりよく記憶しているだろう――けれどもそれは、必ずしもまだ最初と同じように感じているとは限らない。ただ、以前の感じ方を、よりはっきり思い出せるということを意味しているにすぎない。実際問題として、記憶のテストを受けている被験者は、最初にあった感情の描写も伴ったままで元のシナリオを再現しようと懸命に努力しているはずだ。これで、睡眠のあとで向上した記憶に、前より強い感情反応が伴っている理由の説明がつくかもしれない。

もうひとつの答えはストレスに関連したものになる。[12]　オランダにあるドンデルス脳認知行動研究所のハイン・ヴァン・マルレと同僚たちの研究は、睡眠によって感情的反応が弱まる程度は、睡眠中のストレスレベルに直接関係していることを示した。この研究では前述の研究とまったく同じ方法で絵を用い、被験者は目を覚ましたあとで記憶のテストがあることを知らされていた。ただし被験者の半数では、睡眠中にストレスホルモンのコルチゾール濃度を人為的に高めた。被験者は画像に対する感情的な強度を評価しなかったが、コルチゾールの濃度が高まったことで、不快な記憶が睡眠中に処理される方法に変化があった。コルチゾールの濃度が正常だった被験者では、睡眠後に不快な画像を認識すると扁桃体の反応が高まったが、人工的にコルチゾール濃度を高めた被験者では、そのような反応の変化はなかった。この結果はとても興味深い――睡眠が感情表現にどのように影響を与えるかは、睡眠中に感じているストレスによって変わることを意味しているからだ。コルチゾール濃度が異常に低い人は通常の濃度の人よりＰＴＳＤを発症する割合がはるかに高いため、この考え方はＰＴＳＤの文献と完璧に一致している。この章で取り上げてきた研究でコルチゾールの濃度を測定したものはほかにないから、このストレスホルモンの相違がさまざまに異なる結果を説明できるかどうか、判断するのは難しい。睡眠後に感情反応が弱まったウォーカーらによる研究の被験者たちは、ほかの研究の被験者より、単にはるかに大きいストレスを受けていただけだった可能性がある。この研究はバークレーという非常に競争の激しい大学の環境で実施されたもので、被験者は異常に強い慢性ストレスにさらされた学生たちだったのかもしれない。

まとめ

この章では「オーバーナイト・セラピー」を紹介した。睡眠が危険な記憶の感情を和らげ、トラウマや深い悲しみへの対処に役立つという考え方だ。また、記憶が不安定なこと、そして睡眠中の再固定化によって記憶がどのように変化し、感情的な内容が弱まったり消えたりする可能性があるかを見てきた。さらに、睡眠が実際には前の日に見た不快な写真への感情的な反応を強める可能性もあることを示し、この理論と矛盾する証拠のいくつかも要約した。矛盾したデータに対して考えられるふたつの説明についても説明した――一方は、被験者が眠る前に見た感情的刺激を思い出すよう、はっきり指示されたかどうかに関連し、もう一方は睡眠中のストレスレベルに関連している。

意見の相違の理由が何であれ、神経科学者にとってはこの難問を解決することが不可欠だ。オーバーナイト・セラピーは、トラウマを経験した人は睡眠をとってトラウマの記憶から感情を切り離すべきだと勧めているのに対し、それに反対する考え方は、不快な印象が強化されないよう、同じトラウマの持ち主を眠らせないようにすべきだと勧めているからだ。交通事故と幼い女の子の死を目撃するというトラウマを引き起こす経験をした人は、どちらの方法に同意するだろうか？

第11章 眠りのパターン、IQ、睡眠障害

神はすべての人を平等には創らなかった。このことはあらゆる側面に加えて睡眠についても当てはまり、睡眠のパターンと特性は人によってさまざまに異なっている。ひと晩に四、五時間寝るだけで足りる人もいれば、一〇時間以上の睡眠が必要に見える人がいるのはご存知の通りだ（ティーンエージャーだけの話ではない――ティーンエージャーには独自のカテゴリーがあるが、成人になっても一〇時間以上眠らなければいられない人がいる）。また、毎朝早くから目を覚ましてエネルギッシュに動きまわる人たちは、朝寝坊の人にむやみに話しかけようとして迷惑そうな顔をされる。なにしろ朝寝坊組は夜中の二時を過ぎると絶好調になり、夜更かししているからだ。これらはいずれも睡眠パターンの表面的な相違で、外から見てすぐにわかるが、ほかにももっと大切な、睡眠を正しく監視して分析しないと見つからないような相違もある。たとえば、一部の人たちは睡眠効率が高い。つまり、夜に横になってから朝起き上がるまでの時間のうち、多くを実際の睡眠に費やしている。それに対して、長い時間をかけないと眠りつけない人、夜中に

頻繁に目を覚ましては寝返りを打つ人、朝、目覚めてから何時間も横になったまま身を起こせない人もいる。さらに眠りの質という点で見れば、睡眠紡錘波と呼ばれる高周波振動が多い人と、レム睡眠や徐波睡眠の割合が高い人がいる。こうした違いが人にどんな影響を与えるかをすべて知ることは不可能だが、影響の一部についてはヒントが得られている。

時計遺伝子と眠りのパターン

朝型の人と夜型の人が存在することは、人間が集団で暮らしはじめてからこのかた、おそらく知らない人はいないほど一般的な知識だろう。誰でもおよそ二四時間の周期に沿って眠ったり目覚めたりしているのだが、太陽が沈んで「ふつうの」人たちが眠りについたあと、長いこと起きていたい人たちが必ずいる。それらの人たち（夜型人間）は、ただ夜になると意識がはっきりするというだけのことも多い。夜のほうがよく集中できる人、最もよい仕事をできると感じる人、一日のほかの時間帯より夜間に起きているほうが楽しいというだけの人もいるだろう。その反対に早朝から生き生きとして元気いっぱいな人も、周囲を見わたせば必ず何人かはいる。これらの「朝型人間」は、平均的な人たちが目をあけたいと思う時間よりずっと早くベッドから飛び出すのがふつうだ。さいわい、通常のリズムで暮らしている人たちをあまりにも早い時間からたたき起こそうとする朝型人間に、自然選択は味方しなかったらしい。たぶんその理由からだろうが、全体のなかで朝型の占める割合はとても小さい（ちょうど一〇パーセント）。

冗談を抜きにしても、寝る時間と起きる時間の好みは人ごとに違い、それは大昔から変わらない。ただし最近になって、朝型になるか夜型になるかの傾向は、目の色が青や緑になるのと同じように遺伝的に決まることがわかってきた。睡眠／覚醒の性質をつかさどる遺伝子は、Period《ピリオド》（ＰＥＲ）と呼ばれる時計遺伝子だ。目の色を決める遺伝子と同じように、これにもふたつの異なるタイプがある（人を朝型の傾向にするＰＥＲ１《ワン》と、夜型の傾向にするＰＥＲ０《ゼロ》と呼ぶことにしよう）。私たちの遺伝子にはすべて二個のコピーがあることは周知の事実で、ＰＥＲにも二個のコピーがある。ところがここが大事なところで、これらのコピーが両方同じとは限らない。コピーが二個ともＰＥＲ１の人は朝型になる。コピーが二個ともＰＥＲ０の人は夜型になる。ところがそれぞれのコピーを一個ずつもっている人は（全体の五〇パーセントを占め）、どこか中間のあたりになる。これは目でも同じことだ。EYE-COLORgのコピーが二個なら緑の目、EYE-COLORbのコピーが二個なら青い目、それぞれのコピーが一個ずつなら茶色の目になる。

睡眠と覚醒の傾向がＰＥＲ遺伝子で決まることを発見した科学者たちは、そこで研究をやめてしまったわけではない。次に、遺伝子で決まった朝型人間と夜型人間を詳しく観察し、あらゆる種類の行動課題について両者を比較した。この研究によって数多くの違いが明らかになっている。まず朝型の人は、ただ朝早く起きるのが好きなだけでなく、夜型の人よりもずっと早い時間に疲れ、睡眠不足にうまく対応できない――睡眠が不足すると、夜型の人よりも大幅に集中力を

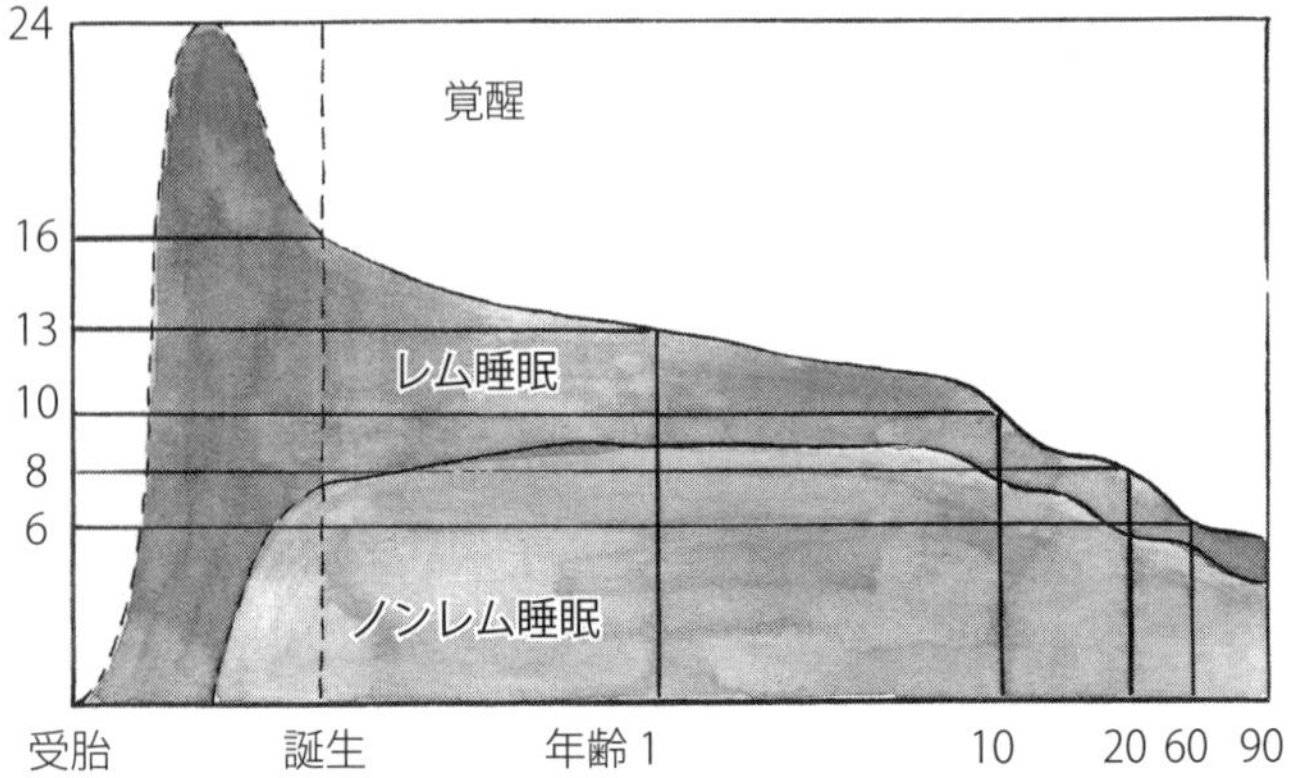

図27　一生のあいだの睡眠構造の変化。

なくす。それに対して夜型の人は、早い時間に起きるのを嫌い、実際に午前中はうまく機能しないが、睡眠不足に強く、眠らなくても（もちろん限度はあるが）ものごとをうまくこなせる。

年齢による変化

睡眠のパターンには、人による違いはあまりない。それよりも、ひとりの人のなかで年齢を重ねるにつれて変化する（図27）。その通りだ、若いころは夜型だったのに、今ではすっかり朝型になっていると思う人がいるだろう。そんな人は、昔は夜遊びが大好きだったり、いつも遅い時間まで本を読んだりテレビを見たりして、朝はなかなか起きられないものだった――それなのに今は夜になると九時か一〇時にはもう居眠りをはじめ、朝五時か六時には軽々とベッドから抜け出している。まったく驚くにはあたらない。概日の

（二四時間周期の）タイプは遺伝的に決められているものの、その傾向は年齢とともに予測のつく変化をとげる。なかでも、遺伝子のコピーが二個とも同じ根っからの夜型や朝型ではなく、実際には両方のタイプの遺伝子（ＰＥＲ１とＰＥＲ０）のコピーをもつ人はそうだ。

たとえば、赤ちゃんは実に長時間（新生児では一日におよそ一六〜一八時間、一歳児では一四〜一五時間）にわたって睡眠をとる傾向があるが、このパターンは少しずつおさまっていき、成人に必要な睡眠時間は平均して七、八時間になる。おもしろいことに、思春期の若者にはもう少し年齢が下の子どもたちより長い睡眠時間が必要で、毎晩およそ八・五時間から九・二五時間は眠る。また、思春期の若者の睡眠と覚醒のサイクルは成人や子どもより少し遅い時間帯に移り、夜になると最も頭が冴えるため、起床時間も就寝時間も平均より数時間遅くなりがちだ。このような概日リズムの変化は、朝早い時間に登校しなければならないティーンエージャーの成績不振の原因だと言われてきた。実際に一部の学校組織が、実験的に登校時間と下校時間を何時間かずらして遅くしたところ、全体の成績が大幅に向上した。その好例はミネソタ州の学校だ。午前七時一五分ごろだった始業時刻を八時四五分に遅らせると、授業中の注意力が高まり、成績も出席率も上がり、遅刻も保健室利用も減り、三年間にわたる全体的な行動と雰囲気がよくなった。

一生のあいだで最も印象的な睡眠の変化は、おそらく加齢に伴う変化だろう。睡眠時間が少しずつ短くなる（成人したばかりのころは七、八時間だが、六〇歳では六時間になる）だけでなく、徐波睡眠がはっきり減少していく。七四歳までに徐波睡眠がまったくなくなってしまうことも多い。日中に肉体的活動と学習の機会が減少したからこの種の睡眠の必要性が減ったためなのか、あるいはこのように大規模な脳の協調活動を維持する力がなくなったためなのかは、はっきりしていない。もしも後者ならば、徐波睡眠の減少が原因で疲労がたまるうえ、記憶が固定されなくなって記憶力が低下することで、この現象が加齢に伴う問題を実際に生み出している可能性を考える必要がある。高齢になると若いころにくらべて徐波睡眠の割合が減るために、やがて神経に何らかの損傷が生じ、それが加齢に伴う神経変異につながるのかもしれない。最近の研究によれば、高齢者に見られる前頭前皮質内側部の委縮の程度から、徐波睡眠の減少だけでなく、徐波睡眠中に固定される記憶の減少も予測できることがわかった。[1] ただし、まだ研究中で結論は出ていないため、加齢に伴う睡眠時間減少のほんとうの原因と結果が解明されるまでには、もう少し時間がかかるだろう。

IQの高さを示す睡眠紡錘波

睡眠紡錘波の数は、人によって大きく異なっている。睡眠紡錘波というのは振幅の小さい高速（一二〜一六ヘルツ）の波で、睡眠の第二段階に出現することを覚えているだろうか――この睡眠紡錘波はときには徐波睡眠でも見られる。ただし睡眠紡錘波がレム睡眠中に現れることはない。その数は夜が更けるとともに増えていくが、ひとりひとりで大きく異なっている（そのことはとても重要だ）。ところが、各個人を見ると睡眠紡錘波のパターンには極めて一貫性があるので、ときには電気生理学的な指紋と呼ばれることもある。

睡眠紡錘波に関心があるのは、不運な被験者がすやすや眠っているあいだにコンピューターの画面に表示される波を見るのが大好きな、私たち睡眠の専門家だけではない——誰でもこの波には興味津々だろう。なぜなら、脳が生み出す睡眠紡錘波はＩＱの高さを示すとともに、全般的な知能の尺度にもなるからだ。このことは幅広いテストで分析され、一貫して次のような研究結果が出ている——睡眠紡錘波の密度（単位時間あたりの紡錘波の数）から全検査ＩＱと動作ＩＱの高さを予測できるが、言語ＩＱとの関連性はない。つまり、紡錘波からある種の課題を学習できる能力を予測できるということだ。ただし、とびきり頭のいい人にだけ紡錘波が多いわけではない。学習障害をもつ人にも多く、その場合は紡錘波の振幅が異常に大きくて、過剰紡錘波とも呼ばれる。ＩＱが跳び抜けて高い人で紡錘波がどんな役割を果たしているかはっきりしていないのと同様、学習障害をもつ人で紡錘波が果たしている役割もわかっていないが、これらふたつのグループで通常より密度の高い紡錘波が同じ役割を果たしているとは考えにくい。

睡眠紡錘波の密度は学習のあとでも高まる。ただし、それは学習内容が少し難しかった場合にだけ見られる現象らしく、また脳の全体にわたって密度が高まるわけではなく、学習した課題に関連のある構造体に限られていた。たとえば、左手を使ってピアノで曲を弾くことを学習すると、その晩の睡眠中に（体の左側をコントロールする）右の運動野で紡錘波が増加する。さらに、その増加の程度によって、ひと晩でピアノの演奏が上達する程度――つまり、翌日にどれだけ上手に弾けるようになっているか――を予測できる。

睡眠紡錘波と学習に関するこのような情報をまとめて考えると、個人がもつ基本的な紡錘波の数で、睡眠中に記憶を固定できる能力を予測できるかどうかという重要な疑問が生まれる。これに紡錘波とＩＱの既知の関係を加えれば、記憶を固定する能力の高さで、ある程度は一般的知能の高さも予測できるのかと考えはじめるだろう――興味をそそる可能性だ。

ぐっすり眠れても疲れているわけ

最悪の睡眠は、目覚めたあとで疲れたと感じる睡眠だと言ってよい。この種の睡眠は、通常は「非回復性睡眠」と呼ばれ、多くの人に知られるとともに臨床的にも認められている（ただし、専門的に言えば臨床症状ではない）。非回復性睡眠は、一見すると不思議なものに感じられる――この問題を抱える人は、何の問題もなく眠りにつき、ぐっすり眠る、あるいは一般的に十分な睡眠をとる――それなのに、目を覚ましたときに休んだ気がしないからだ。だが詳しく調べてみると、たびたび非回復性睡眠に陥る人は不眠症の人と同じ種類の問題をもっていることがわかった。たとえば、日中に眠い、疲れる、エネルギーが不足する。集中力や記憶力が足りない、何かを終わらせるのに前より努力が必要になった。イライラする、ストレスを感じる、気分が落ち込む、などだ。ではなぜ、これらの人には睡眠のいつもの魔法が功を奏さないのだろうか？この疑問に対してまだ完全な答えは見つかっていないが、少なくとも一部には徐波睡眠が関係していると考えられる。非回復性睡眠を訴える人は、専門的に見ればほかの人と同じ時間だけ眠っているのだが、通常の長さの徐波睡眠を確保できていないという証拠が増えている。これについては、ほとんどの研究が不眠症の人の非回復性睡眠を調べた（不眠症は、専門的には十分な睡眠をとっているとしても、本人が十分に眠れていないとする知覚と定義されているので、不眠症の人のなかには実際に眠っていない人や、少なくとも眠りにつくときや睡眠の持続に深刻な問題をかかえている人がいる一方で、眠っているのに疲れを感じるという人もいる――その人たちの睡眠が非回復性睡眠になる）。このような非回復性睡眠を訴える不眠症の人では、通常、睡眠中に徐波のような脳の活動が少なく、覚醒時のような脳の活動が多い。そのような人たちは完全には眠っていないとも言える。徐波は脳をリセットし、リフレッシュして翌日の学習に備える重要な役割を果たすため、徐波がなければ疲れを感じて元気が出ず、集中できないのは驚くにあたらない。こうした問題の原因が徐波の不足にあることは、この種の脳活動を増やす薬剤を利用すると症状の改善に大きく役立つことによって支持されている。

深刻な睡眠障害

もちろん、さらに深刻な睡眠障害では、睡眠によって疲労より悪い結果が生じることもある。たとえば睡眠関連摂食障害の人は、毎晩のように眠ったままベッドから抜けだして冷蔵庫や戸棚に入っている食べ物を食べてしまう。自分では食べていることにまったく気づかず、その結果として肥満になる（誰がチョコチップアイスクリームを食べてしまったのかと、パートナーや家族、同居人とのあいだで口論になるのは言うまでもない）。正式に診断されたなら、冷蔵庫に南京錠を備えるよう指示されることが多い。このような行動を防ぐには、それしか方法がないからだ。

睡眠関連摂食障害は夢遊病の一種で、徐波睡眠が最も深い段階に現れる。こうして睡眠中に食べるのは問題の原因ではあるが、それでもまだ起こり得る最悪の事態ではなく、さらに複雑な行動に出る人たちもいる。たとえば、ある男は眠ったまま家を抜け出して車を運転し、五〇キロ近く離れた義理の両親の家まで行ってキッチンナイフで殺害した。そのような例はひとつではない。「睡眠中の犯罪」の表で同様の事件と裁判所の判決を見てほしい。

まとめ

睡眠の方法は人によって大きく異なっているのは明らかだ。こうした相違の一部は遺伝によるが、そのほかにも多くの要因が加わっている。年齢、性別、日常の習慣、食生活のすべてが睡眠に関与している。自分の睡眠スタイルがどんなものであっても、それがあなたの暮らし方に大き

【睡眠中の犯罪】

暴力行為	状況	評定	裁判所の判決
ホテルのポーターに向かって銃を３回発射。	ポーターが真っ暗なホテルの部屋に予告なしに入り、眠っている被告人を起こそうとした。	ポーターによって誘発された。	有罪判決が、控訴審で覆った。
警官２名に暴行。	警官が車の中で酒に酔った被告人が眠っているのを見つけ、起こそうとした。	警官によって誘発された。	未報告。
女友達に銃を発射。	眠っているとき物音に驚き、銃を手に飛び起きて発射。女友達がベッドで死亡しているのを見つけた。	物音によって誘発された？	無罪。
被害者を拳で殴り、ナイフで刺殺。	被害者が眠っている被告人を起こそうとした。	被害者によって誘発された。	有罪判決が、控訴審で覆った。
夫の背中、胸、太ももを三回にわたって刺した。	咳に苦しみ、夫と同じベッドで眠っていた。咳で目を覚ましたか？　ナイフはどこにあったのか？	咳によって誘発された可能性。	未報告。
友人を刺殺。	友人が眠っている被告人を起こそうとした。	誘発された。	未報告。
妻を斧で殺害。	被告人は真夜中に物音で目覚め、斧を握って部屋にいた「見知らぬ人」を襲った。	誘発された。	未報告。
酔って売春婦を絞殺。	目が覚めると、一緒に寝ていた女性の首を絞めていた。酔っていた。	誘発された？	無罪。
オフィスに入ってきた従業員を射殺。	夜勤担当現場監督がオフィスで眠りについた。約30分後に従業員がオフィスに入って、監督を起こした。混乱した監督は銃を手にして発射した。	誘発された。	未報告。
刺殺。	少年は、ほかの13人とともに被告人と同室だった。その少年は眠っている被告人の隣にあった何かを手に取ろうとした。被告人はその気配で目を覚まし、ナイフを握って少年を刺した。	誘発された。	未報告。

『スリープ』誌、30, 8（2007年8月1日）, 1039-1047
M.R. Pressman、"Disorders of Arousal from Sleep and Violent Behavior: The Role of Physical Contact and Proximity"（睡眠からの覚醒障害と暴力行為：身体的接触と近接性が果たす役割）

な影響を与えていることを忘れないでほしい。日中の気分や記憶を決定づけ、さらに眠っているあいだに凶悪犯罪（または暴飲暴食）を引き起こす可能性さえある。こうしたことをすべて念頭に置けば、睡眠を向上させる方法は一考に値するだろう。それが第12章と第13章のテーマになる。

第12章 記憶力を高め、学習を促進する方法

ときには、眠ることに何か具体的な効果を期待したいこともある。パートナーと喧嘩をしてしまったときには、レム睡眠を利用すればいやな気分を鎮められるかもしれないし、試験勉強の最中には、徐波睡眠を増やして新しく学習した記憶を強化したいだろう。正しい種類の睡眠を必ずとれるようにする方法はあるのだろうか？　大切ではない記憶や有害な記憶ではなく、自分で強化したいと思っている記憶を眠っているあいだに再生する方法はあるのだろうか？　手短かに答えるなら、ある――たぶんある。詳しい答えを以下に示していく。

異なるタイプの睡眠を上手にとる

記憶の固定に対する睡眠の役割を理解すれば、睡眠はほとんど投薬の一種ととらえることができる。たとえば、「その結果を得るためには、これだけの長さの徐波睡眠をとりなさい」と言え

る。もちろん睡眠中の脳は基本的に自由奔放だから、すぐややこしくなってくる。脳に対して、「レム睡眠を長くして睡眠紡錘波を減らしたい」と指示するには、どうすればよいのだろうか？

大事なコツのひとつはタイミングだ。睡眠の段階は二四時間の体内時計にしっかり結びついているので、一日のうちの異なる時間にうたた寝をすれば、異なるタイプの睡眠をとることができる。午前中のうたた寝ならレム睡眠に入れるし、午後遅い時間のうたた寝なら徐波睡眠になるのがふつうだ。その理由は、睡眠の必要性、つまり異なる種類の睡眠を目指す身体的な流れが、一日のうちに変化することにある。夜のあいだに通常は六時間から八時間ぐっすり眠ると、脳が必要とする徐波睡眠はしっかりとれたはずだ。朝が近づき、四つの睡眠段階を含む九〇分の睡眠サイクルが四回目か五回目にはじまるころには、この深い睡眠の段階を飛ばしてまっすぐレム睡眠に進むことが多い。夜の後半になるとレム睡眠が増えるのはそのためだ。徐波睡眠モードから出て、レム睡眠モードに入る。週末に朝寝坊をすると鮮明な夢を見ることが多い理由もここにある。

一方、午後の昼寝は別の事態に直面する。一日のその時間までには、おそらく何時間も目を覚まして活動してきているので、脳には徐波睡眠を真に求める必要性が蓄積しており、ノンレム睡眠の段階1と2は短時間ですませて徐波睡眠モードに入りやすい。この必要性はどこからくるのだろうか？　シナプス恒常性モデルを思い出してほしい（第5章）。脳が徐波睡眠に入るのは、目を覚まして活動しているあいだに強化されたシナプスのつながりをダウンスケーリングする必要があるからだという考え方だ。これが正しいかどうかは別にしても、明け方より日中のほうが徐波睡眠に入りやすく、その状態が長く続くことははっきりしている。

睡眠と精神状態とのつながりについて興味深いのは、自分の有利になるよう、異なる種類の睡眠を巧みにコントロールできるという点だ。特定の知識の神経描写を強化するために徐波睡眠が必要なら、午後の時間帯に昼寝をするのが理にかなっている。それに対して感情的な思い出を強化したいなら、朝の目覚めを少し遅くするか、午前中にうたた寝をするほうがいいだろう。もちろんこれは絶対確実な処方箋ではない。これらの多様な種類の睡眠がもつ役割は、まだ研究の途上にあるからだ。とはいえ、一日のうちの時間帯と睡眠の種類の関係は、はっきりと決まっている。

寝る直前に学習する（逆効果に注意）

新しい記憶を固定するのにできる限り適した睡眠をとろうと、一日のうちの適切な時間にうたた寝をするほど記憶に関して方策をめぐらすなら、目標とする情報を学習する方法も最適化したいと考えるだろう。新しく学習した記憶ほど睡眠中に再生されやすいので、昼寝の直前に学習するか、少なくとも以前学習したことを復習するほうがよい。こうすることで目標とする知識が心に残り、眠ったら再生されやすくなるはずだ。ただし、強化したい記憶がそれを妨害する情報の流入によって劣化し、眠ったときに固定できなくなるような事態は避けるよう注意しなければならない。

昼寝の前の準備はこれで万端だが、ひと晩眠って特定の記憶を強化したい場合は、もう少し用心が必要になる。夜になるころには疲れていることが多く、疲れると学習が難しくなるからだ。眠る直前に勉強をすれば記憶の固定は最適化されるが、このようなスケジュールではそもそも脳が疲れていて、新しい情報をコード化しにくくなっているから、逆効果になることもある。

眠った真似をする（人工睡眠）

これまでの章（第5章、第7章、第8章）で、記憶の固定のためには徐波睡眠中に現れる大きい脳波が重要であることを説明した。このような波は、数多くのニューロンが同時に発火したとき生まれる。神経発火はニューロンの外の膜を通した電位の変化によって引き起こされるので、ドイツにあるリューベック大学のリサ・マーシャルらは、頭皮にタイミングを調整した電気刺激を与えることによって人工的に徐波を生み出せるかどうか確かめることにした。[1] そのために、額の両側に大きくて柔らかい電極をつけ、それらを通して徐波睡眠の大きい波の周波数（約〇・七五ヘルツ）に一致した振動の電流を流した。すると実験は大成功を収め、この方法で脳に電流をうまく投入すれば徐波を「同調」させられることがわかった（図28）。さらに別の発見もあった。このように電流を流すことで徐波睡眠の量を増やせただけでなく、記憶の固定も向上したのだ。被験者

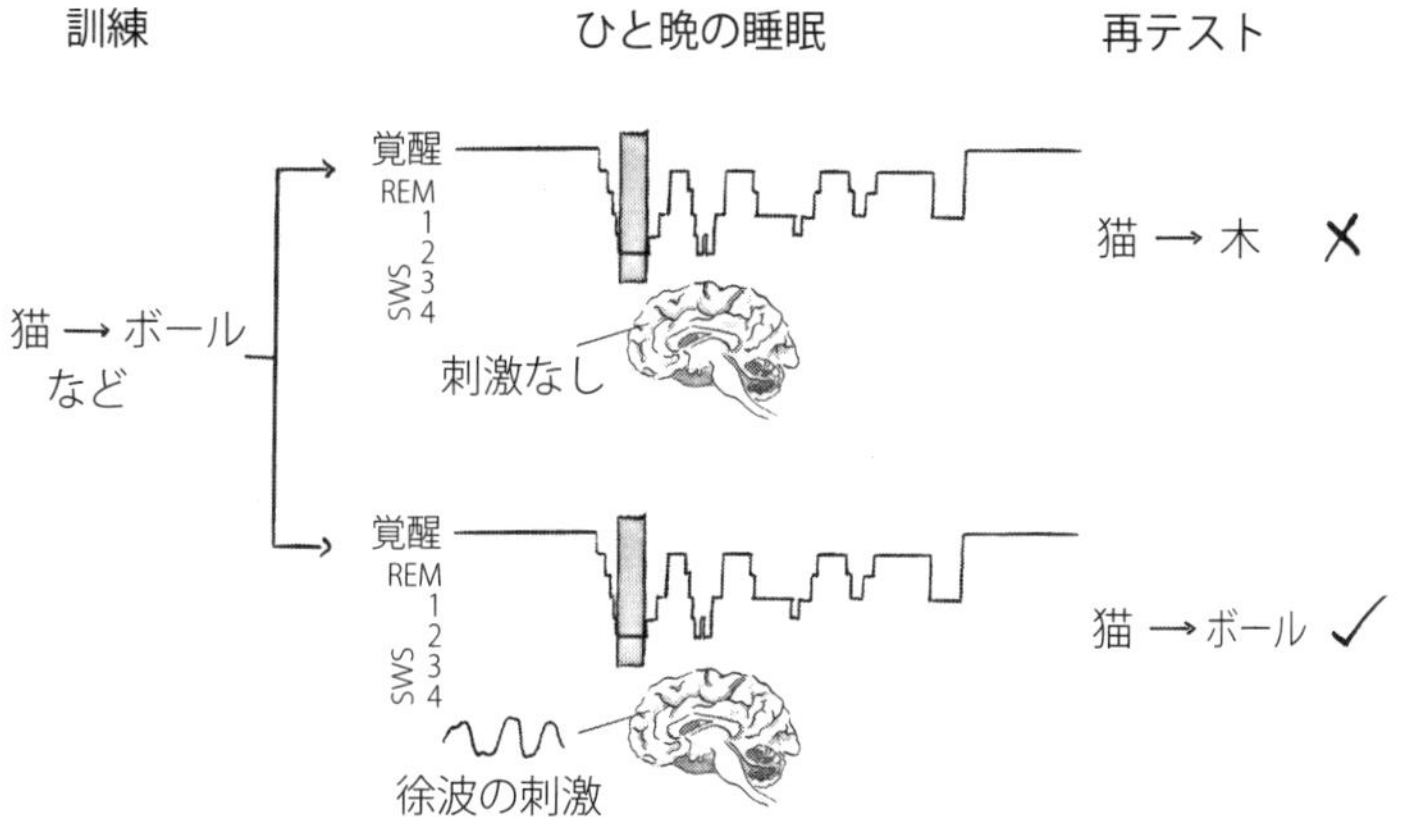

図28　電気的刺激によるSWS（徐波睡眠）の延長と記憶の固定。

に、実験の前に一連の単語の組（猫‐ボールなど）を覚えるように指示し、翌日に記憶をテストした。すると、睡眠中に〇・七五ヘルツの刺激を与えられたグループの被験者は与えられなかったグループより著しく成績が向上し、このような人工的な徐波でも記憶を大幅に高められることを示していた。

さらに新しい研究では、はるかに安心な方法でほとんど同じ結果を生み、電気的刺激を用いた研究をしのぐことができた。それを聞いてほっとする人もいるだろう。[2] ドイツにあるチュービンゲン大学のマシアス・メールらは、一秒に一回より少しだけ遅い頻度で非常に短い音を聞かせることによって、振幅の大きい徐波の長くリズミカルな連続を生み出すことができるうえ、記憶の固定も向上することを発見した。

人工的な刺激を用いて深い眠りとターゲットを定めた記憶の固定を導くという考えは、ＳＦを思い起こさせる――コーヒー一杯の値段で人工的刺激を伴う二〇分のうたた寝ができる、睡眠カプセルや睡眠ボックスはどうだろう。疲れのたまった会社員や、この種の戦略的昼寝によって生徒の記憶を向上させたい教師にとって、どれだけ人気が出るかを想像してみてほしい。もう少し開発を重ねれば、レム睡眠、睡眠紡錘波、そのほかの種類の睡眠を導くことも可能になるかもしれない――電気的刺激を利用する方法が確かなものになれば、一日の異なる時間に昼寝をして睡眠をコントロールするという、時間を基準にした方法などはまったく時代遅れになるだろう。単純な電流の利用によって、元気を取り戻せる深い眠りにすぐ誘導できるこれらの技術は、とくに不眠症の人たちにとって重要になる。そのほかの睡眠関連障害に悩む人たちも大きな恩恵を受けられるかもしれない。たとえば、適切な種類の電気刺激を用いれば、鬱に悩む人がレム睡眠中に不快な記憶を過剰に固定化しないようにして、悪循環を断ち切ることができるだろう。睡眠操作の科学には、まだ長い道のりが残されているが、これが現実になる未来に期待したいものだ。

香りや音で、睡眠中に記憶を再生させる

眠っているあいだに記憶の固定を向上させるためにできることは、夜間の睡眠によって徐波睡眠を増やし、眠る直前に学習内容を復習する以外にもまだある。枕の下に本を置いて寝る、または学習したことの録音テープを聞きながら眠ると、長いあいだにはその情報が頭に残りやすいと

いう噂話を聞いたことがあるだろう。科学界は長年にわたってこうした方法をほとんど無視してきたが、睡眠中の記憶の再生が描写を強化できるという理解が深まるにつれ、その態度は変化せざるを得なくなっている。

睡眠中に記憶の再生を意図的に引き起こすことができ、そのような再生が脳内の記憶描写を強化することがわかってきた。記憶の再生は通常、眠っている人がターゲットとする記憶（たとえば強化したい記憶）と関連する何かに再び触れることによってはじまる。このためには香りが役立つ。香りなら睡眠中の脳が簡単に処理できるし、眠っている人を目覚めさせることもないからだ。リューベック大学のビヨルン・ラッシュらは、バラの香りで記憶の再生を引き起こした。その研究では、被験者がターゲットの課題を学習しているあいだ、周囲にバラの香りを漂わせる方法を用いている[3]。課題はトランプの「神経衰弱」によく似たもので、何組かのカードを伏せて並べ、順に表を開いて確認しながら各組の二枚目の場所を記憶しなければならない（次ページの図29）（第10章も参照）。次に被験者は研究室でひと晩眠り、異なるグループごとに、異なる睡眠や覚醒の段階で再びバラの香りを嗅いだ。バラの香りは、被験者を目覚めさせることなく、完全な潜在意識下でカードの位置の再生を引き起こしたはずだ。翌朝、全員がカードの組の位置を思い出すテストを受けた。すると、徐波睡眠中にバラの香りを嗅いだグループで、ほかのどのグループよりも大幅な成績の向上が見られた。この驚くような研究結果は、枕の下に本を置いて寝る、授業の録音テープを聞きながら眠るなどの噂話が、ほんとうに有効かもしれないことを示すはじめ

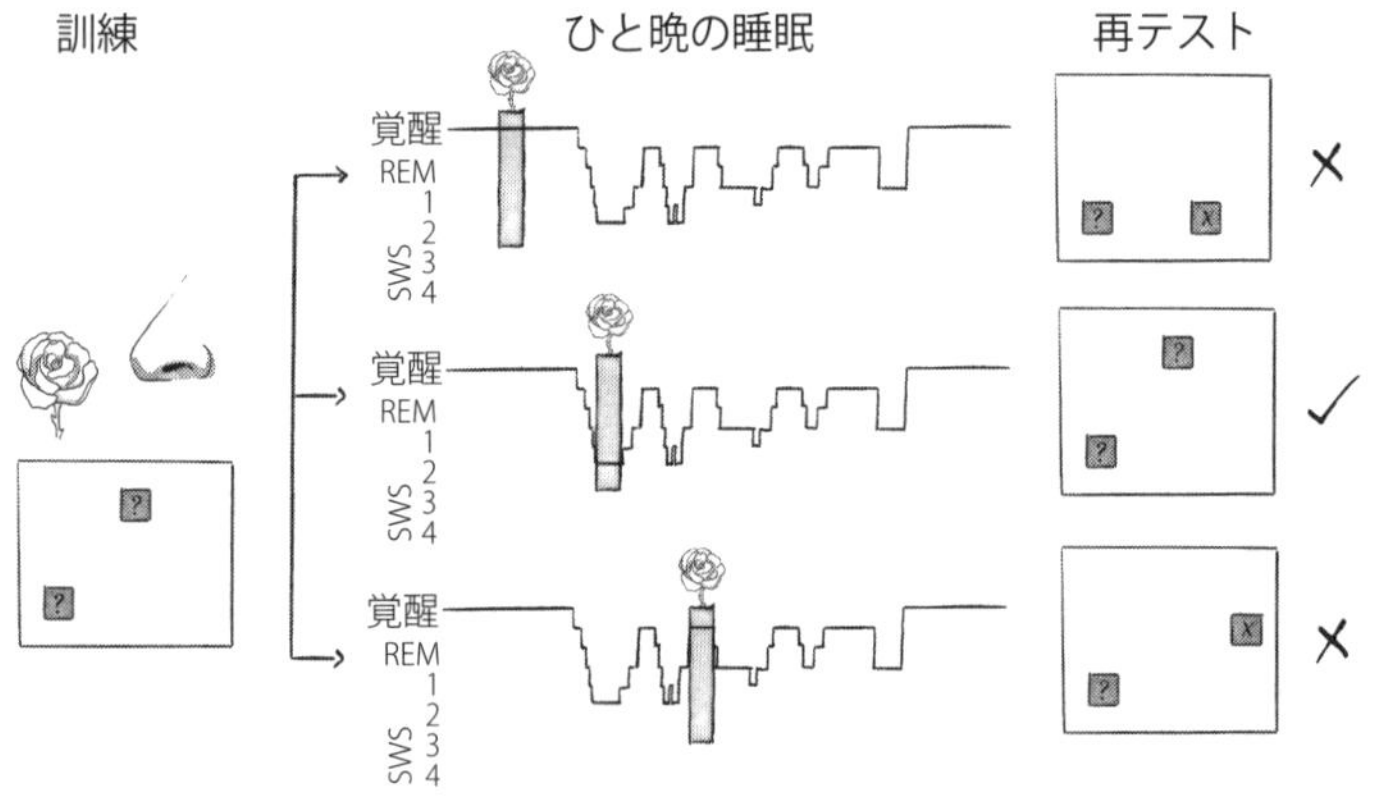

図29　香りを用いて徐波睡眠中に記憶の再活性化を誘導。

ての兆しになった。ただし、この研究は数多くの疑問も提起している。被験者が睡眠中にこの香りを嗅ぐとき、脳のなかでは何が起きているのか？　脳には二枚のカードがいっしょにアップロードされ、ここでカードを学習した記憶を文字通りもう一度開いているのか？　バラの香りがカードを学習した過程の再現を脳に促し、その再生が記憶の固定を助けて、翌朝には夜間にバラの香りを嗅がなかったライバルより高い成績を上げられたとする、何かの物的証拠はあるのか？　もしそうなら、この再生から翌日の記憶の向上を予測できるのか？

これらの疑問を解明しようとしたその後の実験がある。被験者は今回もバラの香りを嗅ぎながら神経衰弱のゲームをするよう指示され、やはりその夜の徐波睡眠中に同じ香りを嗅いだ。ただし今回は脳スキャナーのなかで眠った。そしてそのスキャナーは、被験者がバラの香りを嗅いでいるときと嗅いでいないときの脳活動を監視した。その結果、徐波睡眠中にバラの香りを嗅ぐと、記憶、なかでも空間的記憶にとって不可欠な海馬が強く活性化することが明らかになり、香りが何らかの形で記憶の再生を引き起こしたことを示唆している。それより前の研究ですでに、3Dビデオゲームで仮想の町を移動する道順を学習した直後の徐波睡眠中に、海馬の活動がどれだけ活性化するかによって、ひと晩眠ったあとでその町のA地点からB地点に到達する速さを予測できることがわかっていた。[4] バラの香りの研究は、成績の向上と再生のあいだの同様の相関を示してはいなかったが、香りが再生を引き起こし、それによって記憶を強化できることを示した。

残念ながら、次の試験勉強でこの方法を試してみようと考えているなら、がっかりするかもしれない。私たちの鼻は、全体として嗅覚系と呼ばれる香りを処理する脳の部分とともに、空気中に漂う香りにすぐ慣れてしまうのだ。だから香りの影響はほとんど瞬時に失われる。部屋に置いた芳香剤の強い香りにも、しばらくそこにいればまもなく気づかなくなることを思い出してほしい。ただし、部屋を出て少しのあいだ違う場所にいてからまた部屋に戻ると、もう一度香りに気づく。研究を準備した研究者たちはこのような効果を考慮に入れて、香りが刺激を保つ方法を工夫した。オルファクトメーターと呼ばれる特別な装置を用いてバラの香りが影響力を失わないようにしたもので、約二〇秒だけわずかな香りを漂わせ、そのあとに二〇秒間休みを置いて、嗅覚受容体がリセットする時間を与える方法だ。もちろん一定間隔で香りを出すタイマーつきの芳香剤を買うこともできるが、研究室の精度を家庭で実現するのは難しいだろう。

睡眠中の記憶の再生を引き出そうと、香りと同様に音も使われてきた。ただしもちろん、眠っている人を起こさないようにとても柔らかい音にしなければならない。音がこの種の実験にとくに適しているのは、被験者が一連の異なる項目（たとえば一連の単語）を学習するとき、個々の項目に異なる音を関連づけられる点にある。のちに特定の音を再現することによって、睡眠の異なる段階で学習した記憶の一部だけ、または記憶の異なるサブセットの再活性化を戦略的に引き起こし、これが翌日の記憶にどのように影響するかを調べることができる。再生を引き起こすことが実際に有効かどうかがすぐにわかるので、現実的に役立つ戦略だ。

このアプローチを利用したある有名な研究では、被験者にコンピューター画面の特定の位置に表示される一連の写真を見せ、それぞれの写真に音を関連づけた（仔猫の写真にはニャーという鳴き声、やかんの写真には笛の音など）[5]。その後、被験者が深い徐波睡眠についているあいだに、スピーカーを通して半数の音だけを穏やかに再生した。翌日になってテストをすると、予想通り、被験者は眠っているあいだに音が再生された写真を画面の正しい位置に置くことが多かった。このとき睡眠は実際にはわずか九〇分の昼寝で、音が再生されたのは一回だけだったから、結果はますます劇的に感じられる。それほどわずかな記憶の固定で、それほど大きい影響が出ると、誰が考えていただろうか！

音がどのようにして脳による特定の記憶の再生を引き起こすかという研究は、記憶向上の方法を探っている科学者たちのあいだでにわかに活気づいた。とても簡単そうに聞こえるではないか

――モーツァルトの曲を流しながらスペイン語の単語を必死で頭に詰め込み、一〇〇パーセント覚えられるように同じ曲を静かに再生しながら眠る！　最近の追跡研究は、同じ原則が技能の学習という異なる種類の記憶にも有効であることを示している。それは自転車に乗ったり楽器を演奏したりするときに使う記憶で、第1章で取り上げた指タッピングも同じだ。これらの技能は、カードの位置を覚える「神経衰弱」のゲームと同じ神経メカニズムを利用するものではない。技能の学習には、通常は空間ナビゲーションは必要とされない。意識的な思考ではなく、習慣や機械的な動作が関与する。そのような技能は海馬の代わりに、大脳基底核と呼ばれる、進化的にもっと古い構造体を利用するのがふつうだ。それらの構造体は脳の異なる位置にあるから、二種類の記憶の特性はさまざまに異なっている。睡眠中に再生を引き起こすことによって手続き記憶（訳注：「体が覚えている」記憶で、自転車に乗る方法など物事の手順や技能についての記憶）を強化できるかどうか見極めるために、シカゴにあるノースウェスタン大学のケン・ポーラーらは、コンピューターゲーム『ギターヒーロー』に似た方法を採用した。このゲームでは、プレーヤーはギターに対応するリモートコントローラーを利用する。そして異なる弦を表すボタンにそれぞれの指を置き、一個一個の音符を正しいタイミングで押しながら（正しい長さだけ押し続けて）曲を演奏しなければならない。ほとんどの人は、おそらく何らかの補助がなければうまくできないだろうから、各ボタンを押すタイミングを知らせる視覚的な表示もあって、押すタイミングがどれだけ近づいてきたかを知らせる。おもしろいことに、被験者が前もって徐波睡眠中にこのゲームの曲を聞いていると、翌日にはずっと正確にメロディーを奏でられる。[6] この結果は、睡眠中に再生を引き起こすことによって強化できるのは（カードゲームのような）特定の出来事の記憶だけに限らないという確実な証拠を示している――手続き的な技能学習も、この種の処理によって影響を受けるということだ。一見するとこの結果はあまり重要に思えないかもしれないが、それぞれのスポーツで上達するために複雑な身体技能をたくさん身につけなければならないアスリート、次々に新しい楽曲を覚えるミュージシャン、さらに車の運転のような日常的なことを学ぶ人々にとってどんな意味をもつか考えてみれば、これらのすべての場合で学習を向上させる単純な方法がなぜ重要かを理解できるだろう。

音を使って記憶の再生を引き起こそうとするときに何が起きるのかに関しては、ラットを使った研究が疑問への答えに大きく近づいている。ラットの脳には、人間の脳の場合ほど倫理的なためらいなく電極を刺すことができるので、そのような研究では再生中に脳内の個々のニューロンが何をしているか詳しく調べることができる。ラットの脳に刺した電極を通して得られた記録によれば、目が覚めているあいだに空間内の特定の位置に向かって走るよう指示するのに使った音を睡眠中に聞かせると、その特定の領域に関連づけれらている場所細胞で活動が引き起こされた。[7] 第6章で説明した通り、場所細胞はナビゲーションと空間記憶に使用される海馬のなかの専門化したニューロンだ。ラットが空間を移動するにつれて、それぞれの場所細胞が特定の位置と関連づけられ、その後はラットがもう一度同じ位置に戻ったときだけ発火する。特定の場所に関連づけられた音を再生すれば該当する場所細胞が発火するという事実は、その音が神経レベルのイベントの再生を引き起こしているという考え方を強く支持するものだ。もちろんこの再生が何らかの夢とつながっているのかどうか、ラットに尋ねることはできないが、それが明らかに次の疑問になるだろう。

眠りながら、新しいことを学習できるか

眠りながら、はじめてのことを学習できるようにさえ見える。イスラエルのレホヴォトにあるワイツマン科学研究所のアナト・アルジーらは最近の研究で、被験者が目を覚ましているあいだ、または眠っているあいだに、心地よいにおいと不快なにおいを漂わせた。[8] それぞれのにおいと同時に特定の音を流し、被験者は（もし目を覚ましていれば）すぐに、ある音は心地よいにおいを意味し、別の音は不快なにおいを意味することを学んだ。不快なにおいがすると被験者は自然に鼻で軽い息をする（においを嗅ぐ）ので、このような状態にすると、被験者は不快なにおいに対応する音が聞こえるだけで、においがしなくても鼻で軽い息をするようになった。ただしほんとうに重要だったのは、「はじめて音とにおいを流したときに被験者が眠っていた場合にも」、同じ状態になったことだ。興味深いことに、眠りながら音とにおいを経験した被験者は、再び不快なにおいに対応する音を聞くだけで自然ににおいを嗅ぎ、その関連性は翌日も続いた。例をあ

げると、被験者は睡眠中、ピアノで「ド」の音が演奏されているあいだに腐った卵の不快なにおいにさらされた。腐った卵のにおいがすると、被験者は眠っていても鼻で軽く息をしてにおいを嗅いだ。翌日、その被験者がドの音を聞くと、自分ではなぜかわからずに軽くにおいを嗅いだ。実際に本人に質問してみると、眠りながら音を聞いたことも何かのにおいがしたことも、自分ではまったく記憶がなかった。つまり、目を覚まして学習したのではなく、完全に無意識のままでにおいと音の関連性を築いたことになる。これは、(記憶の固定ではなく)まったく新しい学習が睡眠中にも可能であることをはじめて実証し、人に何かを教えるのに睡眠を利用できる可能性を示したことで、実に重大な発見になった。

まとめ

この章では、記憶を手助けするために睡眠を利用できる方法をいくつか説明した。それには、一日のうちの適切な時間、または学習に適した時間に睡眠をとる方法があり、また記憶の再生と徐波睡眠を引き起こす手法もある。実際、これらの考え方を組み合わせれば、人工的に記憶の再生と徐波睡眠を引き起こそうと試みることができるだろう。これによって記憶の強化をさらに推し進められるはずだ。科学者たちはまだ試みていないが、明らかな次の段階であり、実現が期待される。

第13章 快適睡眠を実現するガイド

眠れない、あるいは十分に眠れない場合は、どうすればよいだろうか？　快適に過ごし、体の正常な働きを維持するためには、睡眠が絶対不可欠であることははっきりしている。睡眠は免疫機能と体温を調節して健康な状態を保つとともに、気分よく過ごすために、また記憶を固定し、知識全般を更新し、難しい問題の全体像を把握するために、とても重要な役割を果たしている。市場で最もすぐれた向知性薬は睡眠だと言われることもある――睡眠はどんな薬より断然まさっているという意味だ。さらに、ＩＱ向上の手がかりにさえなるかもしれない。結論を言えば、睡眠はためになる。体は睡眠を必要とし、脳は睡眠によって成長する。睡眠を節約できる人は誰ひとりとしていない。ところが残念なことに、二四時間眠らないストレスのあふれた現代社会では、多くの人々が睡眠不足に陥っている。忙しくて時間が足りない人やストレスに圧倒されている人もいるだろうが、ただ単に、ひと晩ぐっすり眠る方法をよく知らないだけの人もいるにちがいない。睡眠を改善する簡単なコツはたくさんある。その一部はわかりきったものだが、あまりよく知られていないものも多い。部屋の温度、食べ物、寝室の音と光と香り、寝室の利用の仕方によって、大きな違いが生まれることがある。この最終章は、よい睡眠の習慣を築くための速成ガイドになっている。多くは常識のように思えるかもしれない。それでも、たとえわずかでも新発見があるなら、目を通す価値はある。

ベッドと寝室の感じ

眠りに最も大きな影響を与える要素のひとつは、ベッドと寝室の実際の感じ方だ。快適で、照明が明るすぎず、睡眠をとるための場所になっている必要がある。眠るためだけの心地よいベッドにもぐり込むことによって、脳に適切な信号を送り、スイッチを切る時間だと知らせることができる。横になってテレビを見たり、ノート型パソコンを操作したり、ラジオを聴いたり、本を読んだりしているベッドでは、脳に適切な信号を送れない。この種の多目的なベッドでは、横になると逆に目が冴え、眠りにつくのを妨げられることもある。

室温と体温

大まかに言うと、摂氏一六～一九度が睡眠に最適な室温だ。眠りに落ちるときには必ず体温が少し下がるから、先回りして温度を下げてやれば体は知らず知らずのうちに睡眠に適した全身状態になり、眠りにつきやすくなる。直観には反するが、眠りたいときに体温を下げるための戦略として、ベッドに入る少し前に体を温める方法がある。就寝時間のおよそ一時間半前からお風呂の湯につかるのは、ぐっすり眠るための屈指のテクニックだ。お風呂で温まれば、上がったあとの体温の下がり幅が大きくなって効果が出る（お風呂がなければシャワーでもよく、ほとんど同じように温まることができる――ただし、お風呂ほどは楽しくリラックスできないかもしれない）。お風呂もシャワーも利用できない場合は、寝る直前に心地よい温度の足湯につかるのもよく、足の太い血管が広がって、就寝時により効果的に体温を下げることができる。[1]

体幹（腹と胸）部分の皮膚を少し温めても、眠りにつくまでの時間を短くできる。[2] 湯たんぽや暖かいぬいぐるみ（摂氏三七度くらい）を用意して、寝るときに腹のあたりで抱えてもよい。ただし、それを心地よく感じればの話だ。自分で快適ではないと感じられるものは、何であれ、眠りを誘うよりも眠りを妨げてしまう。

光と体内時計

光は二四時間の体内時計をリセットし、いつ眠っていつ目覚めるかを決めるのに役立つ。日光や夜の闇など、自然からの信号で強くコントロールされている二四時間の概日リズムは、日中には意識をはっきりさせ夜になると眠くなるのを助けている。昼のあいだにまぶしいブルーライト（青色光――とくに晴れていなくても、明るい日に戸外に出ると浴びられる光）を浴びるとともに、[3] 夜はこの種の光を浴びないようにすることで、このリズムを保つことができる。夜になってブルーライトを浴びれば、概日リズムがリセットされて目が覚めてしまう。残念なことに、テレビもコンピューターの画面もこの光を出している。また精神状態を高揚させるので、スイッチを切って頭を休めようとしているときには邪魔なものだ。就寝予定の三時間前からは、この種の装置を使わないようにしたい。スマートフォンやコンピューターをどうしても使いたいなら、画面にオレンジフィルターをつける。ブルーライトを抑えるよう設定できるソフトウェアを利用してもよい（検索すればいくつかの選択肢が見つかるだろう）。夜に浴びるブルーライトをすべて遮断できない状況なら（たとえば、子どもたちがテレビを見ている、窓から明るい光が入ってくる、配偶者がベッドでラップトップを使うと言って譲らないなど）、就寝する二、三時間前からオレンジフィルターの眼鏡をかけるのも選択肢のひとつだ。これらのフィルターの利用で睡眠の質と気分が改善されることが示されているが、[4] 使いはじめた最初の夜か翌日の夜は睡眠が浅くなるので、使い続けることが大切だ。

　夜のあいだは寝室を真っ暗にすること。遮光ブラインドをつける場合は、ブラインドの周辺から光が漏れないように注意してほしい。電化製品が発している光があれば、消すか、カバーで隠す。暗闇を不安に感じる人や、夜間に起きる必要がある人は、ベッドで点灯できる薄暗い赤かオレンジ色の照明を利用するのが一番だ。光は朝の目覚めを助けてくれ、暗闇のなかでベッドから起き出すのは難しい。目覚まし時計が鳴る三〇分ほど前から、薄暗い赤かオレンジ色の照明が徐々に点灯する設定にしておけば、少し楽に目覚められるだろう。目覚まし時計が鳴ったあとは明るさをどんどん強めてよく、光に青色の要素を入れてもかまわない。ブラインドやカーテンを電動にし、目覚まし時計が鳴ったあとに少しずつ開いて室内に自然光が入るよう設定できるなら、意識をはっきりさせるのに役立つ。三〇分後には部屋とトイレの両方をすっかり明るくする。これは体内時計を順調に進めるのにもひと役買うことになる。可能であれば、毎朝少なくとも三〇分はまぶしいブルーライトを浴びるようにするのが最良の方法だ。(歩いて通勤する途中などに)戸外で太陽の光を浴びられれば、理想的だと言える。さもなければ、白日光を出すサンランプの利用を考える。

音とノイズ

大きい音、突然の音、または不快な音が聞こえると、寝入りにくく、睡眠の構造が変化し、就寝中に目が覚めることさえある。完全な無音の状態を保つのは難しいので、睡眠の専門家の多くはピンクノイズやホワイトノイズなど(両方ともラジオの周波数がどの放送局にも合っていないような音)の継続的な弱い妨害音を利用して、外部の音の影響を和らげることを推奨している。

絶え間ないホワイトノイズは、ふつうなら気になる背景音をうまく隠すという証拠があり、[5]ピンクノイズがあると眠りにつきやすいという別の証拠がある。[6]

特別に組み立てた音声を用いて、脳の活動を睡眠に適した周波数に同調させられると主張している人たちもいる。そのような考え方から英国のいくつかの病院では、鳥のさえずり、波の音、ときにはいびきの音まで含んだ美しいサウンドスケープが導入されるようになった。この種の音と、最近になって徐波睡眠を増やすことが明らかにされた音（第12章を参照）とのつながりは、まだ研究されていないが、眠りにつくのが難しい人はこの種の癒しの音声を聴いてみるのもいいだろう——インターネットで広く宣伝されているバイノーラル・ビート（両耳性うなりという意味）の、異なる周波数を両耳で聞かせる音楽もある。

香りは眠りを誘う？

寝室にはきれいな空気がたっぷりあって、新鮮さを感じられることが大切だ。空気の流れをよくし、香水やエアーフレッシュナーの使いすぎは避けるようにする。ジャスミン、ラベンダー、バレリアン（カノコ草）などの香りには眠気を誘う効果があると広く伝えられているが、それらを支持する証拠は乏しい。バレリアンのかすかな香りに催眠効果があることを示した研究はいくつかあるが、ほかの香りに同じ効果があることを示すデータはほとんど、またはまったくない。[7]

これを聞いた読者があまりがっかりする前に、睡眠中の心地よい香りは楽しい夢を誘いやすいことを伝えておこう。[8] これで夜を楽しく過ごせるかどうか試してみたければ、睡眠の半ばを過ぎたころにスイッチが入るエアーフレッシュナーを用意すると便利だ。夢の大半はその時期からはじまる。私たちは香りにはすぐ慣れてしまうので、エアーフレッシュナーのスイッチが数分おきに切れて、また入るような仕組みにしておけば、効果が上がる可能性は高まる。これまでに楽しい夢と具体的に関連づけられているのはバラの香りのみだが、ほかの魅力的な香りにその力がないとみなす理由はないから、いろいろ試して自分に効き目のあるもの（もしあれば）を見つけるのはどうだろう。レモンやペパーミントの香りは目が覚めてベッドから起き出すときの気分をよくするので、目覚まし時計がなるときにはこれらのどちらかの香りに切り替えるのもよい方法だ。

よく眠るための食べ物

就寝の三時間から五時間前のあいだに食べるものは、よく眠れるかどうかを大きく左右する。食品に含まれている化学物質やタンパク質が、睡眠を助けたり妨げたりする場合があるからだ。就寝の四時間から五時間前に眠気を誘う食品をほどよい量だけ食べ、明かりを消す一時間ほど前に軽いものをつまむのが、よく眠るための最高のレシピと言えるだろう。眠気を誘う食品には、カモミール茶、温かい牛乳、カッテージチーズ、豆乳、プレーンヨーグルト、ハチミツ、シチメンチョウの肉、マグロ、バナナ、じゃがいも、オートミール、アーモンド、フラックスシード、ヒマワリの種、全粒粉のパン、ピーナツバター、低脂肪チーズ、豆腐などがある。夕食には、複合糖質が豊富で少量のタンパク質が含まれている食品が理想的だ。

言うまでもないが、念のため、食べれば目が冴えたり眠りが途切れがちになったりする食品もたくさんあることをつけ加えておく。コーヒー（カフェインを含むものすべてで、残念ながらチョコレートも入る）とアルコールもそうだ。睡眠を妨げるアミノ酸のチラミンが含まれる食品も避けるべきリストに入り、コショウ、燻製の肉や魚などがある。

最後に、多くの人たちが過去の不快な経験で知っている通り、就寝前三時間以内にあまり重い食事をとると目が冴えてしまう。消化活動のせいで苦しいほどお腹がふくれ、胸焼けすることさえある。脂っこい食品や辛い食品はとくに問題を引き起こしやすい。

睡眠の質

第11章で述べた通り、人間は毎日一定時間の睡眠を必要とするよう、遺伝的にプログラムされている。睡眠時間が長い人もいれば短い人もいる。朝型の人は夜より朝のほうが活発に動けるが、夜型の人は逆を好む。これらの傾向は年齢を重ねるにつれて変化することがあるとはいえ、基本的なパターンは遺伝構造に組み込まれている。睡眠のタイミングは光によって調整されているのだが、光の影響は高齢になると弱まっていく。これで、高齢者および何らかの視覚障害の持ち主には規則的な睡眠のパターンが乏しい理由を説明できる。光を通常の方法で処理できないことがあるからだ。

私たちは昼行性にプログラムされている。つまり、夜に眠り、昼に目を覚ましている。自然なパターンは八時間の睡眠と一六時間の覚醒の繰り返しだが、現代社会は睡眠の一部を奪い取り、たいていの人は七時間の睡眠と一七時間の覚醒に慣れている。この睡眠の一部を午後とったり（午睡）、夕刻にとったりする（テレビを見ながらウトウトする）と、夜のあいだに深く眠ろうとする勢いが弱まってしまう。その結果、夜のリズムが崩れ、すぐに眠れなかったり早朝から目が覚めたりしてイライラが募る。逆も同じことだ。あまり早い時間からベッドで横になり、朝も遅い時間まで起きようとしないと、ぐっすりとは眠れないだろう。眠りに落ちるまでに長い時間がかかるか、夜中に何度も目を覚ますかのどちらかで、いずれも不眠症に分類される。逆説的だが、そのような場合にはベッドで横になる時間を減らすことで睡眠の質を向上させることができ、日中の疲れを減らすのにも役立つだろう。

この種の不眠症を解決するには、日中のうたた寝をやめるとともに、いつもより遅く就寝して、ベッドで横になっている時間を七時間より短くしてみるとよい。また、標準的な時間にベッドから出るようにし、その翌日も日中にうたた寝しないことが重要になる。これを何日か繰り返して五時間か六時間の睡眠を続けていけば、すぐに寝入って夜中に目覚めないためには最少で何時間の睡眠が必要かを判断できるようになり、同時に、その睡眠全体の質も向上する。

脳が働いて寝付けないとき

頭が高速で回転している状態で眠りにつくのは難しい。適切ではない時刻に眠ろうとしたり、疲れていない状態で横になったりすれば、脳がどうしようもなく活発に動いているのが自分でよくわかるだろう。ベッドで横になったときに十分眠くないと、頭が活発に働いてさまざまな思いが巡りがちになる。「なぜ眠れないのだろう――眠る必要があるのに眠れない――よく眠れなければ明日に差しつかえる。明日の試験を受けるには睡眠が必要なのに」などなど。こうして思いを巡らせる時間が長ければ長いほど、眠りにつくのはますます難しくなってしまう。三〇分以上も考え続けているなら、一度ベッドから出て（もちろん寒くないよう気をつけて）、そうした思いを頭から追い払うのに役立つ、リラックスできる活動をするほうが得策だ――本を読んだり翌日の計画を立てたりしながら、気持ちがゆったりして眠くなるまで待ち（紅茶、コーヒー、アルコールは禁物！）、もう一度ベッドに戻ろう。このようにしても、翌朝はきちんといつもの時間に起床し、減った睡眠を埋め合わせようと昼寝などしてはいけない。

短期間の不眠症にはうろたえるし、不都合もあるが、たいした問題ではない。それに対して習慣的な長期の不眠症には、きちんと配慮する必要がある。

いびきと睡眠時無呼吸

大きないびきをかく、夜中に何度もトイレに起きる、または朝に目が覚めるといつも頭が痛くて口が渇き、日中は疲れを感じるなら、睡眠時呼吸障害に陥っているのかもしれない。そうした症状の一部は積極的な減量プログラムで緩和できるが、多くの場合は医師の診療を受けるか睡眠クリニックへの紹介を求めるほうが賢明だろう。

まとめ

この本では、睡眠の複雑さ、魅力、謎について語ってきた。どんな動物でも睡眠をとっていること、そして睡眠不足が心と体にどんな影響を及ぼすかを説明した。脳が睡眠中にどれだけ複雑で高度に構造化され神経の状態を示すのかを知るとともに、睡眠のスイッチを入れたり切ったりする脳のシステムを探った。睡眠が記憶にどのように役立つか、また意味論的知識、洞察力、創造性の構造にどのような役割を果たすかも探った。夢の神経的な基礎と、夢が記憶および記憶の固定にどのように影響するかを知った。睡眠が感情と相互に作用し、私たちの気分を左右するとともにトラウマ的経験への感じ方に影響することについても考えた。ひとりひとりの睡眠パターンの違いと、それが心、記憶、心理状態にどんな影響を与えるかについても探った。最後に、睡眠の質を高め、計算されたやり方でその利点を生かす方法を考えた。何はともあれ、この本によって、睡眠が私たちの体と心の健康になくてはならないものであることは納得してもらえたはずだ。睡眠中に記憶の再生や徐波を引き起こす人工的テクニックを利用することはないかもしれないが、少なくとも毎日の暮らしのなかで、睡眠に少しでも重点を置くことを考えてほしい。この最後の章にある数々のヒントは、眠るための速成ガイドとして、快適な睡眠をとりたい人々に役立つにちがいない。

謝辞

この本のための研究と事実確認を快く手助けしてくれた仲間たちすべてに、心から感謝している。神経系と脳の生体構造の基礎に関してゴラナ・ポブリックとパッティ・アダンクに、睡眠生理学に関してサイモン・カイルに、夢に関してスー・ルウェリンとマーク・ブラグローヴに、睡眠の普遍性と睡眠不足の影響に関してジム・ホーンに、感情と情動記憶に関してレベッカ・エリオットとデボラ・タルミに、快適睡眠を実現するガイドに関してデイヴ・ジョーンズに、それぞれお礼を述べたい。原稿全体を校正して有用な数多くの提案をしてくれたイザベル・ハッチンソンには、とりわけ感謝している。いつも私を支え、根気強く原稿を読み直して文法をチェックしてくれた両親にも、ありがとうの気持ちを伝えたい。

"Cued Memory Reactivation During Sleep Influences Skill Learning," *Nat. Neurosci.* 15 (2012): 1114–1116.

7. D. Bendor and M. A. Wilson, "Biasing the Content of Hippocampal Replay During Sleep," *Nat. Neurosci.* 15 (2012): 1439–1444.
8. A. Arzi, et al. "Humans Can Learn New Information During Sleep," *Nat. Neurosci.* 15 (2012): 1460–1465.

●第 13 章　快適睡眠を実現するガイド

1. K. Krauchi, C. Cajochen, E. Werth, and A. Wirz-Justice, "Warm Feet Promote the Rapid Onset of Sleep," *Nature* 401 (1999): 36–37.
2. R. J. Raymann, D. F. Swaab, and E. J. Van Someren, "Cutaneous Warming Promotes Sleep Onset," *Am. J. Physiol Regul. Integr. Comp Physiol* 288 (2005): R1589–R1597.
3. K. M. Sharkey, M. A. Carskadon, M. G. Figueiro, Y. Zhu, and M. S. Rea, "Effects of an Advanced Sleep Schedule and Morning Short Wavelength Light Exposure on Circadian Phase in Young Adults with Late Sleep Schedules," *Sleep Med.* 12 (2011): 685–692.
4. K. Burkhart and J. R. Phelps, "Amber Lenses to Block Blue Light and Improve Sleep: A Randomized Trial," *Chronobiol. Int.* 26 (2009): 1602–1612.
5. M. L. Stanchina, M. bu-Hijleh, B. K. Chaudhry, C. C. Carlisle, and . P. Millman, "The Influence of White Noise on Sleep in Subjects Exposed to ICU Noise," *Sleep Med.* 6 (2005): 423–428.
6. T. Kawada and S. Suzuki, "Sleep Induction Effects of Steady 60 dB (A) Pink Noise," *Ind. Health* 31 (1993): 35–38.
7. T. Komori, T. Matsumoto, E. Motomura, and T. Shiroyama, "The Sleep-Enhancing Effect of Valerian Inhalation and Sleep-Shortening Effect of Lemon Inhalation," *Chem. Senses* 31 (2006): 731–737; D. M. Taibi, C. A. Landis, H. Petry, and M. V. Vitiello, "A Systematic Review of Valerian as a Sleep Aid: Safe but Not Effective," *Sleep Med. Rev.* 11 (2007): 209–230.
8. M. Schredl et al., "Information Processing During Sleep: The Effect of Olfactory Stimuli on Dream Content and Dream Emotions," *J. Sleep Res.* 18 (2009): 285–290.

7. M. P. Walker, T. Brakefield, J. A. Hobson, and R. Stickgold, "Dissociable Stages of Human Memory Consolidation and Reconsolidation," *Nature* 425 (2003): 616–620.
8. B. Rasch, C. Buchel, S. Gais, and J. Born, "Odor Cues During Slowwave Sleep Prompt Declarative Memory Consolidation," *Science* 315 (2007): 1426–1429.
9. S . Diekelmann, C. Buchel, J. Born, and B. Rasch, "Labile or Stable: Opposing Consequences for Memory When Reactivated During Waking and Sleep," *Nat. Neurosci.* 14, no. 3 (March 2011): 381–386.
10. B. Baran, E. F. Pace-Schott, C. Ericson, and R. M. Spencer, "Processing of Emotional Reactivity and Emotional Memory Over Sleep," *J. Neurosci.* 32 (2012): 1035–1042.
11. K. A. Paller and A. D. Wagner, "Observing the Transformation of Experience into Memory," *Trends Cogn Sci.* 6 (2002): 93–102.
12. H. J. van Marle, E. J. Hermans, S. Qin, S. Overeem, and G. Fernandez, "The Effect of Exogenous Cortisol During Sleep on the Behavioral and Neural Correlates of Emotional Memory Consolidation in Humans," *Psychoneuroendocrinology* (2013), doi: 10.1016/j.psyneuen.2013.01.009.

●第 11 章　眠りのパターン、IQ、睡眠障害

1. B. A. Mander et al., "Prefrontal Atrophy, Disrupted NREM Slow Waves and Impaired Hippocampal-Dependent Memory in Aging," *Nat. Neurosci.* 16, no. 3 (March 2013): 357–364.

●第 12 章　記憶力を高め、学習を促進する方法

1. L . Marshall, H. Helgadottir, M. Mölle, and J. Born, "Boosting Slow Oscillations During Sleep Potentiates Memory," *Nature* 444 (2006): 610–613.
2. H. V. Ngo, T. Martinetz, J. Born, and M. Mölle, "Auditory Closed-Loop Stimulation of the Sleep Slow Oscillation Enhances Memory," *Neuron*, 78, no. 3 (May 8, 2013): 545–553.
3. B. Rasch, C. Buchel, S. Gais, and J. Born, "Odor Cues During Slow-Wave Sleep Prompt Declarative Memory Consolidation," *Science* 315 (2007): 1426–1429.
4. P. Peigneux et al., "Are Spatial Memories Strengthened in the Human Hippocampus During Slow Wave Sleep?" *Neuron* 44 (2004): 535–545.
5. J. D. Rudoy, J. L. Voss, C. E. Westerberg, and K. A. Paller, "Strengthening Individual Memories by Reactivating Them During Sleep," *Science* 326 (2009): 1079.
6. J. W. Antony, E. W. Gobel, J. K. O'Hare, P. J. Reber, and K. A. Paller,

Sleep Builds Cognitive Schemata," *Trends Cogn Sci*. 15 (2011): 343–351.

◉第９章　いつまでも忘れられない記憶

1. U. Wagner, M. Hallschmid, B. Rasch, and J. Born, "Brief Sleep After Learning Keeps Emotional Memories Alive for Years," *Biol. Psychiatry* 60 (2006): 788–790.
2. C. Johnson and B. Scott, "Eyewitness Testimony and Suspect Identification as a Function of Arousal, Sex of Witness and Scheduling of Interrogation" (paper, American Psychological Association Annual Meeting, Washington, DC, 1976).
3. I . Wilhelm et al., "Sleep Selectively Enhances Memory Expected to Be of Future Relevance," *J. Neurosci.* 31 (2011): 1563–1569.
4. J. M. Saletin, A. N. Goldstein, and M. P. Walker, "The Role of Sleep in Directed Forgetting and Remembering of Human Memories," *Cereb. Cortex* 21 (2011): 2534–2541.
5. S . S. Yoo, N. Gujar, P. Hu, F. A. Jolesz, and M. P. Walker, "The Human Emotional Brain Without Sleep—A Prefrontal Amygdala Disconnect," *Curr. Biol*. 17 (2007): R877–R878.
6. N . Gujar, S. A. McDonald, M. Nishida, and M. P. Walker, "A Role for REM Sleep in Recalibrating the Sensitivity of the Human Brain to Specific Emotions," *Cereb. Cortex* 21 (2011): 115–123.

◉第 10 章　睡眠は心の傷を癒す？

1. M. P. Walker and H. E. van der, "Overnight Therapy? The Role of Sleep in Emotional Brain Processing," *Psychol. Bull*. 135 (2009): 731–748.
2. A. R. Damasio, "The Somatic Marker Hypothesis and the Possible Functions of the Prefrontal Cortex," *Philos. Trans. R. Soc. Lond B Biol. Sci*. 351 (1996): 1413–1420.
3. H. E. van der et al., "REM Sleep Depotentiates Amygdala Activity to Previous Emotional Experiences," *Curr. Biol*. 21 (2011): 2029–2032.
4. D. Koren, I. Arnon, P. Lavie, and E. Klein, "Sleep Complaints as Early Predictors of Posttraumatic Stress Disorder: A 1-Year Prospective Study of Injured Survivors of Motor Vehicle Accidents," *Am. J. Psychiatry* 159 (2002): 855–857.
5. T. A. Mellman, V. Bustamante, A. I. Fins, W. R. Pigeon, and B. Nolan, "REM Sleep and the Early Development of Posttraumatic Stress Disorder," *Am. J. Psychiatry* 159 (2002): 1696–1701.
6. K. Nader, G. E. Schafe, and J. E. Le Doux, "Fear Memories Require Protein Synthesis in the Amygdala for Reconsolidation After Retrieval," *Nature* 406 (2000): 722–726.

6. R. Levin and R. S. Daly, "Nightmares and Psychotic Decompensation: A Case Study," *Psychiatry* 61 (1998): 217–222.
7. A. Revosuo, "The Reinterpretation of Dreams: An Evolutionary Hypothesis of the Function of Dreaming," *Behavioural Brain Sciences* 23 (2000): 877–901.
8. R. D. Cartwright, "Dreams That Work: The Relation of Dream Incorporation to Adaptation to Stressful Events," *Dreaming* 1, no. 1 (March 1991): 3–9.
9. E . Bokert, "The Effect of Thirst and Related Verbal Stimulus on Dream Reports," *Dissertation Abstracts* 28 (1968): 4753B.
10. K. M. Castellanos, J. A. Hudson, J. Haviland-Jones, and P. J. Wilson, "Does Exposure to Ambient Odors Influence the Emotional Content of Memories?" *Am. J. Psychol*. 123 (2010): 269–279.
11. M. J. Fosse, R. Fosse, J. A. Hobson, and R. J. Stickgold, "Dreaming and Episodic Memory: A Functional Dissociation?" *J. Cogn Neurosci*. 15 (2003): 1–9.
12. T. Nielsen and R. A. Powell, "The Day-residue and Dream-lag Effects: A Literature Review and Limited Replication of Two Temporal Effects in Dream Formation," *Dreaming* (1992): 267–278.
13. E . J. Wamsley, M. Tucker, J. D. Payne, J. A. Benavides, and R. Stickgold, "Dreaming of a Learning Task Is Associated with Enhanced Sleepdependent Memory Consolidation," *Curr. Biol*. 20 (2010): 850–855.

◉第８章　ひと晩寝ると問題が解けるわけ

1. J. M. Ellenbogen, J. D. Payne, and R. Stickgold, "The Role of Sleep in Declarative Memory Consolidation: Passive, Permissive, Active or None?" *Curr. Opin. Neurobiol.* 16 (2006): 716–722.
2. U. Wagner, S. Gais, H. Haider, R. Verleger, and J. Born, "Sleep Inspires Insight," *Nature* 427 (2004): 352–355.
3. D. J. Cai, S. A. Mednick, E. M. Harrison, J. C. Kanady, and S. C. Mednick, "REM, Not Incubation, Improves Creativity by Priming Associative Networks," *Proc. Natl. Acad. Sci*. U.S.A. 106 (2009): 10130–10134.
4. H. Lau, S. E. Alger, and W. Fishbein, "Relational Memory: A Daytime Nap Facilitates the Abstraction of General Concepts," *PLoS. One*. 6 (2011): e27139.
5. S . J. Durrant, S. A. Cairney, and P. A. Lewis, "Overnight Consolidation Aids the Transfer of Statistical Knowledge from the Medial Temporal Lobe to the Striatum," *Cereb. Cortex* (2012), doi: 10.1093/cercor/bhs244.
6. P. A. Lewis and S. J. Durrant, "Overlapping Memory Replay during

Homeostasis: Structural Evidence in Drosophila," *Science* 332 (2011): 1576–1581.
3. R. Huber, M. F. Ghilardi, M. Massimini, and G. Tononi, "Local Sleep and Learning," *Nature* 430 (2004): 78–81.
4. R. Huber et al., "Arm Immobilization Causes Cortical Plastic Changes and Locally Decreases Sleep Slow Wave Activity," *Nat. Neurosci.* 9(2006): 1169–1176.
5. R. Huber et al., "Measures of Cortical Plasticity after Transcranial Paired Associative Stimulation Predict Changes in Electroencephalogram Slow-wave Activity during Subsequent Sleep," *J. Neurosci.* 28 (2008): 7911–7918.
6. V. V. Vyazovskiy et al., "Local Sleep in Awake Rats," *Nature* 472 (2011):443–447.

●第６章　記憶はどう再生され、固まっていくか

1. D. Oudiette et al., "Evidence for the Re-enactment of a Recently Learned Behavior during Sleepwalking," *PLoS. One*. 6 (2011): e18056.
2. A. S. Gupta, M. A. van der Meer, D. S. Touretzky, and A. D. Redish, "Hippocampal Replay Is Not a Simple Function of Experience," *Neuron* 65 (2010): 695–705.
3. G. Girardeau, K. Benchenane, S. I. Wiener, G. Buzsaki, and M. B. Zugaro, "Selective Suppression of Hippocampal Ripples Impairs Spatial Memory," *Nat. Neurosci.* 12 (2009): 1222–1223.
4. S . Diekelmann and J. Born, "The Memory Function of Sleep," *Nat. Rev. Neurosci.* 11 (2010): 114–126.
5. G. Tononi and C. Cirelli, "Sleep Function and Synaptic Homeostasis," *Sleep Med. Rev.* 10 (2006): 49–62.

●第７章　なぜ夢を見るのか

1. R. Stickgold, "Sleep-Dependent Memory Consolidation," *Nature* 437 (2005): 1272–1278.
2. W . C. Dement, *Some Must Watch While Some Must Sleep* (New York: W.W. Norton, 1976).
3. J. A. Hobson and R. W. McCarley, "The Brain as a Dream State Generator: An Activation-Synthesis Hypothesis of the Dream Process," *Am. J. Psychiatry* 134 (1977): 1335–1348.
4. M. Solms, "Dreaming and REM Sleep Are Controlled by Different Brain Mechanisms," *Behavioural and Brain Sciences* 23 (2000): 793–1121.
5. D. Foulkes, M. Hollifeld, B. Sullivan, L. Bradley, and R. Terry, "REM Dreaming and Cognitive Skills at Ages 5-8: A Cross Sectional Study," *International Journal of Behavioural Development* 13 (1990): 447–465.

注

◉第 1 章　なぜ眠るのか

1. J. Horne, “Petunias, One-Eyed Ducks, and Roly-Poly Mice,” *Sleepfaring* (Oxford: Oxford University Press, 2006), 1–15. ジム・ホーン『眠りの科学への旅』（安藤喬志 訳、化学同人）
2. A. A. Borberley and J. L. Valatx, “Sleep in Marine Mammals,” *Sleep Mechanisms* (Munich: Springer, 1984), 227.
3. Quoted in Matthew P. Walker, “The Role of Sleep in Cognition and Emotion,” The Year in Cognitive Neuroscience 2009: *Ann. N.Y. Acad. Sci*. 1156: 168–197 (2009).
4. John G. McCoy and Robert E. Strecker, “The Cognitive Cost of Sleep Lost,” *Neurobiology of Learning and Memory* 96 (2011): 564–582.
5. A. Rechtschaffen, B. M. Bergmann, C. A. Everson, C. A. Kushida, and M. A. Gilliland, “Sleep Deprivation in the Rat: X. Integration and Discussion of the Findings,” *Sleep* 12, no. 1 (2002): 68–87.
6. G. Gulevich, W. Dement, and L. Johnson, “Psychiatric and EEG Observations on a Case of Prolonged (264 hours) Wakefulness,” *Arch. Gen. Psychiatry* 15 (1966): 29–35.
7. M. P. Walker and R. Stickgold, “It’s Practice, With Sleep, That Makes Perfect: Implications of Sleep-Dependent Learning and Plasticity for Skill Performance,” *Clin. Sports Med*. 24, ix (2005): 301–317.

◉第 2 章　睡眠は脳にとってどれほど大切か

1. W . D. Killgore, “Effects of Sleep Deprivation on Cognition,” *Prog. Brain Res*. 185 (2010): 105–129.
2. 同上
3. S . S. Yoo, P. T. Hu, N. Gujar, F. A. Jolesz, and M. P. Walker, “A Deficit in the Ability to Form New Human Memories Without Sleep,” *Nat. Neurosci*. 10 (2007): 385–392.
4. M. P. Walker, “The Role of Sleep in Cognition and Emotion,” *Ann. N. Y. Acad. Sci*. 1156 (2009): 168–197.

◉第 4 章　目覚めと眠りのコントロール

1. K. O. Newman, *Encephalitis Lethargica, Sequelae and Treatment* (trans.) (London: Oxford University Press, 1931).

◉第 5 章　眠りは心の大掃除

1. G. Tononi and C. Cirelli, “Sleep and Synaptic Homeostasis: A Hypothesis,” *Brain Res. Bull*. 62 (2003): 143–150.
2. D. Bushey, G. Tononi, and C. Cirelli, “Sleep and Synaptic

私たちの脳は、眠っているあいだも休むことなく活動している。それはたんに疲れをとるといった消極的な働きではなく、むしろ私たちの生活に（とりわけ脳自身に）欠かせない積極的な役割を担っていることが解明されつつある。本書はこうした睡眠と脳、記憶や夢とのかかわりを、最新の研究成果を踏まえて紹介した格好の入門書だ。と同時に、「快眠」から「活眠（脳を活かす眠り）」へと発想の転換をうながす刺激的な一冊でもある。

睡眠の役割として、本書がまず注目するのは、「心の大掃除」である。ゆったりとした徐波睡眠が脳のニューロン間（シナプス）の結合を弱めることによって、不要な記憶を刈り込んでいくという。いわばラジオのチューニングのように、重要な情報の雑音に対する比率を高め、その記憶を際立たせていくのだ。これは「シナプス恒常性《ホメオスタシス》モデル」と呼ばれ、トノーニ（わが国でも話題になった『意識はいつ生まれるのか』の共著者のひとり）らが検証している。

また、睡眠中の脳は映像や音楽を再生するように記憶を再生しており、その一部は夢となって現れるようだ（夢については第7章で、アラン・ホブソン以降の最新の知見が紹介されている）。ここでも徐波睡眠が、記憶再生のために重要な役割を果たしている（活動的システム固定化モデル）。

さらに眠りは、新しい情報を古い情報と統合するとともに、さまざまな出来事をトータルに捉え、そこから共通の原則や規則性などを要約するといった高度な作業もこなしている。このことは未来を予測したり、創造性・洞察力を発揮するのに役立つ。著者らは情報オーバーラップ（iOtA）モデルによって、その仕組みに迫っていく。

一方で、睡眠を投薬のように効果的に利用しようとする試みも進んでいる。たとえば、記憶力を高め、学習効果を促進するさまざまな実験や方法――すぐに使えるやさしいノウハウもあるので、ぜひ試してほしい。興味深いのは、たんに睡眠中に記憶を強化するだけではなく、まったく新しいことがらでも学習できるのを証明した実験だ。このことは本人の意思にかかわりなく、睡眠中に悪事でも無意識に刷り込める危うさを示唆している。

睡眠は気分や感情の調整にも大きな働きをしており、それにはレム睡眠が関係しているらしい。また、眠りは記憶を新たに固定（再固定化）し、干渉を受けにくくする。こうした関係を応用して、「嫌な記憶を削除する」という治療が効果をあげている。IQと睡眠紡錘波のかかわりも見逃せない。睡眠紡錘波の密度はIQの高さを示すとともに、全般的な知能の尺度にもなることがわかってきた。だとすれば、人工的に睡眠紡錘波の密度を高めることで、知能を向上させられるようになるかもしれない。睡眠と脳の関係はまだまだ謎も多いが、本書を読めばそこには驚くような可能性も広がっていることがわかるだろう。

最後になったが、最新の研究成果をコンパクトに収めた入門書にふさわしく、きびきびとわかりやすい訳を工夫いただいた西田美緒子さんに多大の感謝を！

本書出版プロデューサー　真柴隆弘

著者
ペネロペ・ルイス　Penelope A. Lewis
マンチェスター大学の脳神経科学者。同大学の「睡眠と記憶の研究所」所長。その研究は『ネイチャー』誌や BBC 放送などでも取り上げられ、大きな注目を集めている。

著者サイト
www.psych-sci.manchester.ac.uk/staff/PennyLewis/

訳者
西田 美緒子（にしだ みおこ）
翻訳家。訳書はダニエル・J・レヴィティン『音楽好きな脳』、、ジェンマ・エルウィン・ハリス編著『世界一素朴な質問、宇宙一美しい答え』、アン・マクズラック『細菌が世界を支配する』、フランク・スウェイン『ゾンビの科学』ほか。

眠っているとき、脳では凄いことが起きている
眠りと夢と記憶の秘密

2015年12月10日　第1刷発行
2016年　1月8日　第2刷発行

著　者　　ペネロペ・ルイス
訳　者　　西田 美緒子
発行者　　宮野尾 充晴
発　行　　株式会社 インターシフト
〒156-0042　東京都世田谷区羽根木 1-19-6
電話 03-3325-8637　FAX 03-3325-8307
www.intershift.jp/
発　売　　合同出版 株式会社
〒101-0051　東京都千代田区神田神保町 1-44-2
電話 03-3294-3506　FAX 03-3294-3509
www.godo-shuppan.co.jp/
印刷・製本　シナノ印刷

装丁　織沢 綾

本文イラスト Thomas Shafee

図版クレジット
カバー ©Elena Schweitzer, Picsfive（Shutterstock.com）
オビ ©Pensiri（Shutterstock.com）

ISBN 978-4-7726-9548-0　C0040　NDC400　188x130